絵でわかる 地震の科学

An Illustrated Guide to Science of Earthquakes

井出 哲 著
Satoshi Ide

講談社

ブックデザイン	安田あたる
カバー・本文イラスト	カモシタ ハヤト

はじめに

　いつ襲ってくるかわからない大地震は怖いものです。いつ揺れるのか、教えてくれる人はいないでしょうか。そんな不安な気持ちをあおって「来月地震が起こる！」とか「次の地震はここだ！」という言葉が巷にあふれています。たくさん出版されている地震についての書籍も、将来予測を強調しがちです。その反動か、地震についての最新の科学的知見をまとめた本はほとんどありません。最新の知見はとっつきにくく、文章中心の手軽な読み物には向かないという理由もあるでしょう。でも、太陽や月によって地下の断層が静かに動かされていることや、石油掘削によって地震リスクが急増することなど、確かな知識がないとオカルトになりかねない奇妙な事実も見つかっています。そういうことを伝えられたらなあ、と考えていたら、今回、「絵」をたくさん使って地震の科学の最先端について説明する、という企画にめぐりあいました。そこで自分の文章力も顧みず、挑戦した結果が本書です。

　本書を読んでも「いつどこでどれくらいの地震が起こるか」わかるようにはなりません。でも、なぜわからないのかは伝わるように、心がけたつもりです。この四半世紀に多くの震災が起こりましたが、事前に「予知」されたものはありません。一見停滞しているように見える地震の研究は、じつは岩石実験や統計数理など、さまざまな研究者の応援も受けて、しっかりと進んでいるのです。研究が進んだことよって、わからないことがわかったというのは何とも皮肉なのですが、「ゆっくり地震」など新たな展開を期待させる発見もあります。本書には中高生レベルの基礎知識から、大学院で教えるような高度な内容、さらに定着していない新説まで、地震の科学のさまざまな話題を盛り込みました。将来予測に限らない地震の真実が、少しでも伝われば幸いです。

　最後に、本書執筆のきっかけをつくってくれたイェール大学の是永淳教授と、不慣れな執筆作業を見守ってくれた講談社サイエンティフィクの渡邉拓さんに感謝します。カモシタハヤトさんのイラストもじつに効果的でありがたいものです。そして妻保恵への感謝は、第一読者として草稿を読み的確な意見をくれたことだけにはとどまりません。

2017年1月
井出　哲

絵でわかる地震の科学　目次

はじめに　iii

第1章　地震はどこまでわかっているのか？　1

1.1　地震を理解するこころみ　1
怖いから知りたい地震　1／ナマズの仕業か天罰か？　2

1.2　近代地震学の誕生　4
弾性波としての地震　4／明治維新と日本地震学の黎明　5／地震と断層の関係　7

1.3　20世紀の地震学の発展　8
地震波の向きと断層の向き　8／世界大戦がもたらしたもの　9／定量的地震学の時代　11

1.4　現代の地震の科学　12
震源の物理的な理解　12／デジタル時代の地震の科学　13

第2章　地震とは何か？　15

2.1　地震のプロセスと規模　15
「地震」の揺れをさかのぼる　15／大きな地震とは？　16

2.2　地震動の尺度「震度」　17
震度4の地震？　17／揺れを震度に結びつける　18／計測震度　18

2.3　正確に地震動を測る　20
地震計で測る　20／さまざまな地震計測　20／最大の地震動　22

2.4　破壊すべりとその大きさ　25
震源＝破壊すべり　25／破壊すべりの例　26

2.5　震源のマグニチュード　28
震源の大きさ　28／マグニチュードの不正確さ　29

2.6　破壊すべりと地震モーメント　31
破壊すべりの大きさ　31／モーメントとは何か？　32

コラム（1）　地表地震断層を見に行こう　34

第3章 地震を"視る"技術 37

3.1 地震波とは 37
実体波と表面波 37／P波とS波 39／表面波 40

3.2 日本と世界の地震観測網 42
日本の高感度地震観測 42／さまざまな地震観測 43／
世界の地震観測 44

3.3 地殻変動で視る地震 45
日本の地殻変動観測 45／地殻変動を面的にとらえる技術 46／
その他の地殻変動観測 47

3.4 地震観測からわかること①——破壊開始点と地震の全体像 48
大森の公式から震源決定へ 48／断層の向きと地震波の振動 50／
地震モーメント推定 52

3.5 地震観測からわかること②——詳細な破壊過程 53
断層すべりモデル 53／すべりの時間発展 54
コラム（2） 地震波観測で地球内部を視る 54

第4章 地震の原動力 56

4.1 プレートの運動と地震の場所 56
地震のエネルギーの根源 56／世界のプレート 57／
プレート境界と地震 59

4.2 プレート境界の種類と地震の起こり方 60
海嶺と正断層地震 60／海嶺系をつくる横ずれ断層 63／
沈み込み帯のさまざまな地震 64

4.3 日本を取り囲むプレートとさまざまな地震 65
日本はどのプレートの上にあるのか 65／
東北日本の典型的な島弧沈み込み 67／西南日本の沈み込みと地震 69

4.4 プレート運動以外の地震の原動力 70
火山と地震の関係 70／火山性低周波地震は何を表すのか 72／
潮汐は地震を引き起こすか 73
コラム（3） 月の地震 74

第5章 震源では何が起きているのか? 76

5.1 破壊と摩擦と地震波 76
地震波は断層破壊のおつり 76／地震の破壊はせん断破壊 78／
破壊もしくは摩擦すべりの進展 79

5.2 摩擦の真実と地震発生 80
最も単純な地震のモデル 80／
摩擦とは何なのか? 接触とはどういう状態か? 82／
最先端の摩擦法則 84／地震発生の前後に何が起こるか? 84

5.3 破壊すべりと水と熱 86
水は断層を弱くする 86／断層面は溶けるのか? 87／
リアルな断層のフラクタル構造 88／断層近傍で起きていること 88

5.4 高温・高圧下での地震発生 91
深さによる地震発生環境の変化 91／鉱物脱水と地震発生 92／
奇妙な深発地震 93
コラム（4） 地震発生帯を掘る 94

第6章 地震の大きさと速さ 96

6.1 地震はどこまで小さくなるか? 96
地震の数は増えている? 96／きわめて小さな地震のようなもの 98
南ア金鉱山の地震観測 99／破壊すべりの相似性 100

6.2 地震のスケール法則 101
地震のサイズの支配法則 101／地震のエネルギーのスケール法則 103
スケール法則の限界 104／スケール法則の例外と津波地震 105

6.3 地震の大きさと頻度 106
地震発生数の相場 106／GR則の意味するところ 108／
小地震は大地震の代わりになるか? 109

6.4 見えてきた「ゆっくり地震」 110
静かな地震 110／ノイズに埋もれていた微動 111／
ゆっくり地震とは何か 113／ゆっくり地震の支配法則 113
コラム（5） 理論上最大の地震 115

第7章　地震活動と複雑系　116

7.1　前震・本震・余震　116
前震はいつも起こるのか　116／余震の起こり方にはルールがある　117／
群発地震の正体　120

7.2　地震のトリガリング　121
誘発される地震　121／地震の誘発パターン　121／
すべての地震は誘発地震？　123／全世界規模の地震誘発　124

7.3　ゆっくり地震の地震活動　125
じわじわと広がる微動　125／潮汐によって動くプレート境界　127／
SSEと地震活動　128

7.4　地震と複雑系　129
GR則はどうやって生まれるのか？　129／
単純な構造の物理モデル　130／砂山モデルの振る舞い　132／
自然にテンパる地震活動？　133

コラム（6）　恐怖の「べき法則」　134

第8章　地震と震災　136

8.1　強地震動発生の仕組み　137
破壊すべりが生みだす危険な方向　137／
横ずれ断層の方位依存性と衝撃波　138／
断層の上と下で異なる危険度　140／地震動距離減衰式　141

8.2　強震動と地盤　142
地震動は地盤が決める　142／盆地における増幅　143／
液状化現象　145／地すべり　146

8.3　強震に伴う地形の変化　147
地表変形による災害　147／地震と長期の土地の変形　148／
地表地震断層の周辺の被害　150

8.4　強震と津波　151
津波生成のメカニズム　151／津波の増幅と遡上　153／
津波の痕跡を調べる　154

コラム（7）　人が起こす地震　155

第9章 将来の地震についてわかること　157

9.1 日本と世界の地震予知計画　157
地震予知の先駆者たち　157／
1960年代からの「地震予知研究計画」と「東海地震」　158／
ダイラタンシー拡散仮説　160／地震予知幻想の終焉　160

9.2 いつも同じ地震が繰り返すのか？　162
繰り返す巨大地震　162／繰り返し地震の予測①――釜石の場合　163
繰り返し地震の予測②――パークフィールドと東北沖の場合　166

9.3 地震の予測はなぜ難しいか？　167
破壊すべりの予測可能性　167／固有性と階層性　168／
確率的地震予測はどうあるべきか？　171

9.4 地震の前兆現象は予測に使えるのか？　173
プレスリップの可能性　173／地震活動に見られる前兆　174／
前兆をどのように生かすか？　176
コラム（8）　確率予測は当たったのか？　176

引用文献　179
索引　181

第1章 地震はどこまでわかっているのか?

1.1 地震を理解するこころみ

怖いから知りたい地震

　日本は、世界中で起こる地震の1割以上が集中する地震国です。1995年の阪神淡路大震災や2011年の東日本大震災の記憶はまだ新しく、地震による強い揺れや津波が引き起こす被害、震災の恐ろしさは、直接体験した人はもちろんのこと、多くの人々の心に残っていることでしょう。巨大地震のもたらす震災によって社会が動揺し、時には世の中の雰囲気から仕組みまで変わっていくこともあります。

　古くから地震は日本人の怖いものの筆頭にあげられてきました。人は、怖いものの存在を知ると、それを理解しようと試みます。理解してしまえば、怖さも薄れるからです。実際に昔は恐れられたもののいくつかは、その正体が科学的に解明されるにつれ、怖いものではなくなりました。幽霊やお化けはもちろん、多くの病気も怖くはなくなりました。雷も火事もある程度は防げるようになりました。それらにくらべると地震はまだまだ怖い存在ですが、これまでに得られている科学的知識とそれを生かした技術によって、多少は地震の怖さを減じることができています。

　多くの日本人は、たいていの地震の揺れはすぐ収まることを知っているので騒ぎません。テレビやラジオでは地震の場所と大きさが伝えられ、大きな地震でないとなれば、あったことも忘れて、みな日々の生活に戻っていきます。とはいえ、時にはやや大きな地震が起き、交通機関が麻痺して日常生活がかき乱されることもあります。そんな地震の場合にも、現在の

科学技術ではそれがどのような地震だったのか、かなり短時間で分析可能です。その結果を気象庁が記者会見で説明し、「余震に注意してください」程度のコメントを出した後は、あまり話題にもなりません。

　これは日本人にとっては日常の光景ですが、地震がめったに起きない国から来た人には驚かれます。日本でも、明治時代以前は大きめの地震が起きると、巨大地震の前兆かもしれないと騒ぎになったようです。実際に少し大きめの地震の後、地割れを恐れて竹やぶに逃げたり家の外で寝たりする人がいたそうです。当時にくらべると、現在の地震の知識は飛躍的に向上しました。

　この本では最先端の地震の科学について解説していきますが、本題に入る前に、まずは地震についての知識がどのように獲得されてきたのか、おおざっぱに歴史を振り返ってみましょう。

ナマズの仕業か天罰か？

　東京の大通りをドライブしていると、ときどきナマズのイラストが描かれた標識を目にします（**図1.1**）。これは、大地震が起きたときに交通規制をおこなうための標識です。地震とナマズを結びつけるのは日本オリジナルの考え方です。標識には英語も書かれていますが、外国人がこれを見たら、なぜ地震に関係した標識にナマズが登場するのか理解に苦しむことでしょう。日本では昔からナマズと地震が関係づけられてきましたが、ナマズと地震を結びつけた最古の記述は豊臣秀吉の書いた手紙だとされています（寒川，2007）。その関係がとくに強調されたのは、1855年の安政江戸地震の後です。この地震後にたくさん印刷された鯰絵が今も残されています。そのひとつは、鹿島神宮の神様が地震を起こす鯰を押さえつけているものです（**図1.2**(a)）。今も神宮の境内にある要石がその役を果たし

図1.1　ナマズが描かれた道路標識

図 1.2　要石

(a)　要石の描かれた鯰絵　　(b)　鹿島神宮の実際の要石

（所蔵：凸版印刷株式会社印刷博物館）

ているということですが、地表に見える石はほんの小さなもので、そのような強力なパワーは想像できません（図 1.2(b)）。

　国が変われば地震についての解釈もいろいろです。ギリシャ神話に出てくるポセイドンは地震の神でもありました。キリスト教でもイスラム教でも、地震は人間の悪いおこないに対する天罰と考えられていました。歴史を振り返れば、巨大地震後に急速に衰退した国家や政治体制の例は多く、その衰退はいかにも天罰に見えたでしょう。仏教の書物にも、仏が地震を起こすと書かれています。「地震＝天罰」という考えは、昔の日本や中国の施政者も意識していたようです。平安時代の天皇は震災が発生するたびに、その責任は天皇にあると宣言をしていたそうです（保立，2012）。

　あらゆる事象も説明しようとした古代ギリシャの哲学者たちも、地震を考察しました。アリストテレスは、地下に存在する空間を風が通り抜けるときに生じる振動が地震である、と説明しました。この説は一見科学的でもっともらしく、ヨーロッパでは長い間信じられていました。その証拠に、シェイクスピアが戯曲「ヘンリー四世」で常識のように用いています。

　これ以外にもインド、メキシコ、ニュージーランドなど、世界の地震国ではそれぞれに、地震の原因についての言い伝えが残されています。近代

的な地震学が誕生する前から、人々は地震になんらかの説明を求めたのです。今の科学的な知識と比較すると正しくない説明でも、人々の地震に対する恐怖心を和らげたに違いありません。

1.2 近代地震学の誕生

弾性波としての地震

　地震の揺れは、地震波によって地下を伝わります。地震波は、物理学の一般的な用語で弾性波と呼ばれる波の一種です。**弾性**というのは、物質に力をかけて変形させても力を取り除くともとの形に戻る性質で、これを有する物質を**弾性体**といいます。ばねやゴムは典型的な弾性体です。地中の岩石はばねやゴムとくらべると変形しにくいものの、弾性体とみなせます。弾性体の中を伝わる波が**弾性波**です。高校の物理学では、ばねの伸びと力の関係をフックの法則として学習します。これは、イギリス人ロバート・フックが17世紀に発見した法則です。弾性体理論の父フックは、弾性体の変形が引き起こす地震についても考察しました。彼の講義録には、海洋生物の化石が高地で見つかるのは、地震によって土地の上昇が起きるためだという指摘が残っています。ある程度正しい解釈といえます。

　地震波が弾性波だと説明されたのは18世紀後半、やはりイギリス人のジョン・ミッチェルによってでした。彼は地震よりむしろ、ブラックホールについて最初に考察したことで有名です。この地震の正しい説明が生まれるきっかけとなったのは、1755年にポルトガルの首都リスボンを襲ったリスボン地震でした。強い揺れや火災、津波などによって6万人が亡くなったと推定されるこの地震の大きさは、マグニチュード9に近いと考えられています。被害はリスボン周辺に集中したものの、その揺れは広くヨーロッパで感じられたために、ある地点から伝わるなんらかの波動現象だという考え方が受け入れられたのでしょう。ただしそれがどのような波なのか、その説明がなされるまで、もう数十年待たなければなりませんでした。

　弾性体の中の変形や運動を数式で表現する弾性体力学は、19世紀に大きく進展しました。弾性体の変形は大きく2つに分けられます。周囲から

図 1.3 弾性体の 2 種類の変形

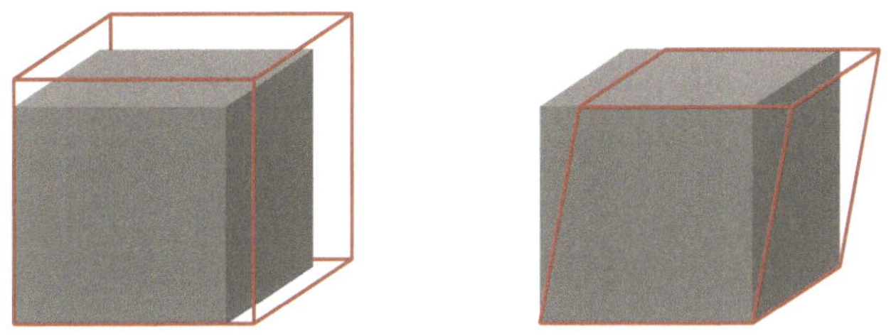

(a) 体積変形　　　　(b) せん断変形

の圧力が変化することによって膨張したり圧縮したり密度が変化する変形（体積変形，**図 1.3**(a)）と，密度は変わらないままにずれる変形（せん断変形，図 1.3(b)）です。このうち圧縮・膨張による密度変化が伝わる波を略して圧密波，あるいは **P 波**と呼びます。圧密波には空気や水の中を伝わるものもあって，これを音波と呼んでいます。せん断変形を伝えるのは **S 波**です。空気や水は弾性体でないので，S 波は伝わりません。P 波と S 波という 2 種の波の存在が理論的に説明されたのは 1830 年のことです。弾性体の一点に力をかけたときに，その影響が弾性体の中をどのように伝わるかという問題の解は，19 世紀半ばにストークスによって数学的に厳密に求められています。ここに，地震を弾性波として理解するための物理学的な基礎が完成しました（川崎，2010）。

明治維新と日本地震学の黎明

世界には「我が国こそは地震研究発祥の地だ」と主張する国がいくつかあります。フックやミッチェルが地震の考察をした当時の科学の中心地イギリスや，ヨーロッパの中では比較的地震が多く，世界で初めて地震計で地震を観測したイタリアなどです。機械による地震の検知に限れば，初めて成功したのは 2 世紀，中国の科学者張衡が作成した地震計だともいわれます。日本も地震研究の元祖を名乗る国のひとつです。それまで比較的ゆっくり進んできた科学的地震研究の急速な発展が始まったのは 19 世紀の終盤から，その舞台が日本でした。

1868 年の明治維新後，政府は欧米の科学技術の最先端知識を短時間で吸

収するために、数多くの外国人科学者を雇いました。その多くは優秀で好奇心旺盛な若者です。彼らは地震など知らずに来日しましたが、日本にいれば頻繁に地震に遭遇します。とくに1880年に横浜付近で起きた地震は、被害はさほど大きくなかったものの、多くの在日外国人の注目を集めました。そして、その中から地震を科学的に理解するための調査研究を始める人たちが現れました。世界初の地震学会は、この横浜の地震の直後につくられています。地震の研究をする人たちの集まり、地震学会が初めてつくられたことこそ、日本が地震研究の元祖を名乗る理由のひとつです。

地震学会設立の中心人物は工部大学校（現在の東大工学部）教授だったジョン・ミルン（**図 1.4**(a)）というイギリス人です。当時は、世界中を探しても正確な観測ができる地震計がない時代でしたから、ミルンと同僚の外国人科学者たちは、まず地震計の開発からとりかかりました（図 1.4(b)）。多くの外国人が滞在数年で帰国する中で、ミルンは日本人女性と結婚し19年間も日本に滞在しました。その間、地震に関するさまざまな考察を論文として発表するとともに、後に続く日本人研究者を育てました。この点で「日本地震学の父」と呼ぶべき人です。

地震計の開発は世界中の科学者によって進められ、19世紀中に世界各地で地震の観測が始まっています。これらの地震計の記録が科学的な地震研究の基礎となりました。イギリス帰国後にミルンは私設の地震研究所を設立し、世界中から地震計の記録を収集し始めました。当時の大英帝国が支

図 1.4 日本地震学の父、ジョン・ミルンとミルンの地震計

（a） ジョン・ミルン

（b） ミルン水平振子地震計（重要文化財）

（写真提供：国立科学博物館）

配していた広大な領土のおかげで、世界中から記録が集められ、それをもとに世界の地震カタログが編纂されています。20世紀初めには、世界のどこで地震が起きやすいか、おおまかに把握できるようになりました。

地震と断層の関係

　19世紀末から20世紀初めにかけて、地震の理解に大きな影響を与える大地震が2つ起こりました。1891年の濃尾地震と1906年のサンフランシスコ地震です。どちらもマグニチュードが8くらいの内陸の大地震であり、地震発生時に地下の断層運動が地表まで到達し、直接観察されました。

　濃尾地震は、近代的観測が始まってから現在にいたるまで、国内最大の内陸地震です。地震の際に観察された根尾谷断層のずれが、小藤文次郎の調査報告によって世界に紹介され、地震と断層の関係を強く示唆しました。濃尾地震後の地震観測からは、大森房吉が現代でも通用する余震の統計的法則（大森法則、第7章参照）を発見するなど、重要な科学的知見が得られています。その一方、7000人の死者を含む甚大な災害によって、地震研究の重要性が再確認され、政府主導の研究組織である震災予防調査会がつくられました。国策としての地震研究の始まりです。

　1906年のサンフランシスコ地震は、米国カリフォルニア州西海岸の巨大断層サンアンドレアス断層で発生し、街として成熟しつつあったサンフランシスコに壊滅的な被害をおよぼしました。この地震の発生を説明するメカニズムとして、**弾性反発説**がハリー・リードによって提唱されました。地震が起きるのは、長期間かけて地表付近にためられた弾性的なエネルギーを解放するためだ、という説明です。現代ではサンアンドレアス断層は、北アメリカプレートと太平洋プレートの間のプレート境界にあたることがわかっており、弾性反発説は2つのプレートの間の相対的な運動として、**図1.5**のような説明がなされます（プレートとその運動について、詳しくは第4章参照）。リードの時代にはまだ、プレートテクトニクスはもちろん大陸移動説すら提唱されておらず、その説はきわめて先端的でした。

　地震波が断層の運動自体によって生じる点で、弾性反発説は現代でも通用する考え方ですが、提唱された当時からすんなり受け入れられたわけではありません。地震があまり起きないヨーロッパでは、そもそも地震の原因は地球内部にあるのか、隕石のような外部のものか、という議論もあっ

図 1.5 2つのプレートの相対的な運動として説明される弾性反発説。(a)→(b)→(c)→(a)と繰り返す。

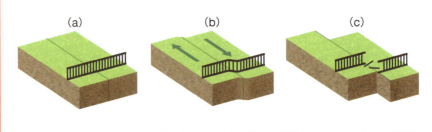

たほどです。断層が動いたといっても、地震のエネルギー源は別にあって、断層の動きは地すべりのように揺れで起きる副次的なものだとみなす人もいました。ほかのエネルギー源として火薬の爆発のようなもの、火山で起きる水蒸気爆発のようなものを考えていた人もいたようです。

1.3 20世紀の地震学の発展

地震波の向きと断層の向き

　弾性反発説が提唱されたのと同じころ、地震波が断層運動によって生じるという証拠が、地震波記録からも得られました。当時、地震計で地震波を観測していた人の多くは、地震波が発生した場所と時刻を決めるために重要な、P波やS波の到着時刻に注目していました。その一方で、地面がどのように揺れるかについて、十分な分析をしていませんでした。そんな中、揺れの方向について弾性体力学にもとづく考察をしたのが、志田順です。

　P波を地震計で観測すると、初めに上向きに揺れる場合（押し）と下向きに揺れる場合（引き）があることがわかります。P波は圧密波なので、初めに膨張が伝わると地面は上に、圧縮が伝わると地面は下に動くのです。ある地点に押し引きどちらのP波が最初に届くかは、ランダムに決まるのではなく、地下でずれた断層の向きとその地点の位置によって決まります（P波とS波の振動の様子について、詳しくは第3章参照）。志田は実際にさまざまな場所で観測されたP波の押し引きのパターンを調べ、その

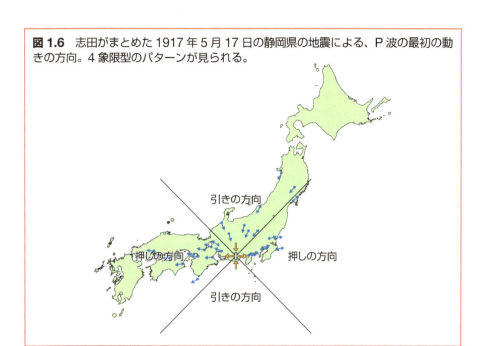

図 1.6 志田がまとめた 1917 年 5 月 17 日の静岡県の地震による、P 波の最初の動きの方向。4 象限型のパターンが見られる。

パターンから地下の断層の向きを推定できることを示しました（**図 1.6**）。この発見は、地震波のエネルギー源が地下の断層の運動である、という説明の重要な証拠になりました。たとえば地震波が地下の爆発的な現象から生じるなら、どの観測点でも押しの地震波が観測されなければなりません（引きが観測されることはないはずです）。

S 波は P 波にくらべると理解するのが大変です。ひとつには、初期微動の後に来るので揺れの方向が判定しにくいからであり、さらに、複雑な地下構造の影響によって揺れの方向が判定しにくくなるからでもあります。その難しさゆえに、S 波も含む完全な地震波を数学的に表現するには、さらに約半世紀、1960 年代まで待たなければなりませんでした。このあたりの説明はやや複雑になるので、後の章にゆずります。何はともあれ、現在では地震波は、断層運動起源の弾性波として理解されています。

世界大戦がもたらしたもの

20 世紀の科学の発展には、第二次世界大戦の影響が無視できません。地震学にも、その影響は顕著です。ただ日本の場合、戦争による物資の欠乏

で多くの地震観測点が機能を停止し、戦中戦後に起きた東南海地震（1944年）、南海地震（1946年）などの巨大地震をまともに観測できない、という残念な結果になってしまいました。とくに東南海地震では大きな震災被害が出たにもかかわらず、軍部による情報統制のために、その事実が国民に知らされませんでした。そのために「隠された地震」ともいわれます。

　しかし戦争に関する技術開発は、地震研究を含む地球科学研究に思わぬ進歩をもたらしました。海戦に備えて全世界的に海底地形研究がおこなわれた結果、海底の構造と陸地の構造がまったく異なることがわかったのです。また、潜水艦や機雷対策に開発された電磁気探査技術の発展により、海底のプレートには磁気があること、その磁気の方向が現在と反転している場所もあることがわかりました。大規模な調査の結果、海底のプレートには現在の方向と同じ、もしくは逆転した磁気をもつ部分が縞状に分布することなどが明らかになりました。

　さまざまな知識が集約され、1950～1960年代に生みだされたのが、**プレートテクトニクス**です。詳細は第4章で説明しますが、プレートテクトニクスは、地形の形成や地震・火山活動を、地表のプレートの動きで統一的に理解する枠組みです。現在では、プレートどうしがすれ違うときにプレート境界周辺に蓄積される、弾性的なエネルギーを解放する現象として地震が起きる、と説明されます。これは弾性反発説の発展形といえます。

　第二次大戦後の冷戦は地震研究の追い風にさえなりました。冷戦時には核実験が競うようにおこなわれ、東西両陣営が互

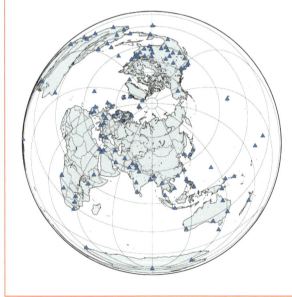

図1.7　1960年代につくられた国際的地震観測網WWSSNの地震観測点分布

いの核実験をモニターする必要がありました。モニターする対象は、核実験が引き起こす地震のような振動です。地震波をよく見れば、地震の揺れと爆発の揺れは区別できます。そこで核実験の検知を主目的として、アメリカを中心とする国際的な高性能高感度地震計のネットワーク（**WWSSN, 図 1.7**）が完成しました。当然ながら、WWSSN の観測点は西側陣営の国にしかありません。設立当初の理由はどうであれ、この観測データは広く公開され、地震研究にとっては強力なツールとなりました。これがプレートテクトニクスの成立と同期して、1960 年代以降の地震の理解のさらなる発展へとつながります。

定量的地震学の時代

現時点で人類が観測した最大の地震は、1960 年に発生したマグニチュード 9.5 のチリ地震です。この地震の断層面は長さ約 1000 km 以上、数百秒かけて断層面のずれが北から南へ進行しました。次章以降で説明する「破壊すべり」の複雑な進展プロセスが明らかになったのは、この地震が最初です。チリ地震が起きたのは国際観測網 WWSSN の完成前でしたが、この巨大地震によって、今後の地震研究のためにどのような観測設備が必要か、はっきりとわかりました。それは、短周期の（数ヘルツ、ガタガタという感じの）振動から、長周期の（数百秒、人が感じないほどゆっくりした）振動までのすべてを把握する、広帯域の地震観測設備です。これ以降、世界各地に多くの広帯域地震観測点が設置されることになります。

1960 年代には、震源から出る地震波の数式表現が完成し、これによって地震波記録から、地震の大きさ「地震モーメント」(p.32)や断層運動の向きが推定できるようになりました。地震モーメントについては第 2 章で詳しく説明します。この時期、世界中の多くの研究者が次々と成果をあげる中で、2 人の日本人がとくに重要な成果をもたらしました。安芸敬一と金森博雄です。2 人とも東大教授からアメリカの大学（マサチューセッツ工科大の安芸とカリフォルニア工科大の金森）の教授へと移籍し、重要な研究成果を出すとともに、多くの後進の研究者を育てました。現在世界で活躍している地震研究者の相当数が、安芸もしくは金森の弟子、孫弟子、ひ孫弟子にあたります。地震モーメントを定義した安芸が 1980 年に共同執筆した教科書のタイトルは『定量的地震学（Quantative Seismology）』で

した（邦訳版は『地震学——定量的アプローチ』というタイトルで、2004年に古今書院から刊行されました）。地震の多様性を定量的に議論できるようになった、記念碑的な教科書です。モーメントマグニチュード（p.33）、津波地震（p.106）などを定義した金森は、さらに個々の地震に複雑な破壊プロセスが含まれることを示し、震源プロセスの詳細な研究へと道を開きました。

　国際的な広帯域地震観測網と定量的地震学の知識により、地震波などのデータから個々の地震の破壊プロセスが精密にわかるようになってきました。1977年以降ハーバード大学が、世界で起こる大きめの地震（現在ではおおむねマグニチュード5以上）について、発生後まもなく位置と時刻、大きさ、断層面の向きとすべりの方向などを自動計算して世界に発信してきました（現在はコロンビア大学が分析し、Global CMTというカタログとして公開しています）。さまざまな分析手法が開発され、地震が複雑で多様な現象であることが明らかになってきました。そうなると次の問題は、何がこの複雑さと多様性を生みだすのか、ということになります。

1.4　現代の地震の科学

震源の物理的な理解

　20世紀までの定量的地震学は、おもに弾性体力学とその中の弾性波理論によって支えられてきました。それらの知識は地震の科学にとって必須なのですが、現在では主要な研究対象ではなくなっています。一方1990年代ごろから、とくに震源（破壊すべりを起こす断層）の近傍で起きている現象を理解することが、地震の科学の中でより重要になってきました。より具体的には、地震が発生する場所にある岩石の破壊や摩擦を伴うすべり運動に関する研究が盛んになっています。破壊や摩擦の振る舞いこそが、地震の複雑さと多様性の源だと考えられるからです。詳しくは第5章で述べますが、現在の破壊や摩擦に関する知識はまだまだ十分とはいえません。実験、観察、観測などによって、さまざまな新しい知識が得られつつありますが、まだひとつの学問体系としてまとめられていない段階です。研究

者にとっては挑戦しがいのある段階といえます。

　地震を理解するために、ほかの科学の分野で得られた知識を役立てようという動きもあります。1990年代から数理物理学を起源としつつ、その枠を越えてさまざまな科学分野で発達してきた「複雑系」という考え方は、地震にも適用されます。大きな地震はめったに起きないのに小さな地震は頻繁に起きるという事実は、昔からよく知られていました。また、大地震が起きた後に、余震が続くというのも常識です。このような事実は、複雑な自然現象にしばしばみられる「べき法則」（現象の発生数が、現象のサイズのべき乗に依存するという法則）を用いて説明することができます。大小さまざまな地震が互いに影響しながら発生する様子を、ひとつの物理システムの振る舞いとして、より普遍的に理解できるようになったのも最近のことです。地震の予測可能性を考えるうえで、このような知識は欠かせません。第7章では、複雑系としての地震の理解について紹介します。

デジタル時代の地震の科学

　ここ数十年、デジタル技術や情報産業が社会を大きく変えてきました。地震観測の現場でも1980年代から次第にデジタル技術が導入され、それまでのアナログ地震記録がデジタルデータに置き換わりました。今や地震に関するさまざまなデジタルデータが、インターネットを介して世界中を飛び回っています。多数の観測点で日夜連続的に記録されている地面の動きのデータは、地震の研究法にも大きな変革をもたらしています。

　地震は、それほど頻繁には起きない現象と考えられてきました。そのせいもあってこれまでは、日夜連続的なデータを蓄積しても、そのほんの一部しか分析されず、残りはノイズ＝ごみとして無視されていました。ところが、そのごみと思われていたデータの中から、日本のさまざまな場所でほとんどひっきりなしに起きている奇妙な地震、「ゆっくり地震」（第6章）が発見されたのです。物理学的な地震現象の理解が深まっていくのと並行して、膨大なデータを生かして、地震とはいったいどのような現象なのか、もう一度考え直さなければならない新たな状況がおとずれています。

　デジタルデータが大量かつ即時に流通することによって、社会に役立つ発明も生まれました。その筆頭は、すでにおなじみの気象庁の緊急地震速報（図1.8）です。大きな地震でもないのにアラーム音に驚かされるのは

図1.8 緊急地震速報の仕組み

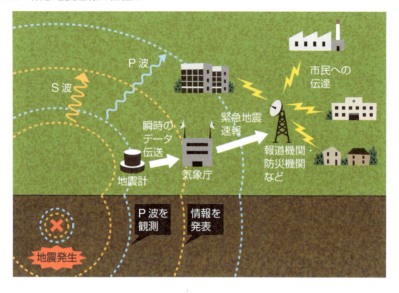

不快ですが、うまく活用できれば震災を軽減する効果は大きいでしょう。

　一方で、近い将来に起こる地震の場所と大きさを精度よく決定することは、現時点ではほぼ不可能といえます。しかし、自称専門家によるさまざまな地震予知・予測情報が巷に氾濫しています。その中には、最先端の研究者が用いているのと同じデータを使った、と謳うものもあります。これは、インターネットによる大量のデジタルデータの流通の別の側面です。そういう分析や情報の中に、将来のブレークスルーになりうるものが含まれる可能性は否定できませんが、残念ながら、現在までの地震の科学の知見から意味のある情報を流しているものは、ほぼ皆無です。巷に氾濫するいい加減な情報に惑わされないためにも、現在の地震の科学によって将来の地震の発生についていえること、いえないことを整頓したいと思います。

第2章 地震とは何か？

　日常生活の中で、突然ガタガタという揺れを感じると、「地震だ！」と思います。地面の揺れが建物を揺らすことを知っているからです。ふだん地震について研究している私も、東日本大震災の強い揺れを机の下で感じていたときには、この地震（＝揺れ）はいつ収まるのだろうと、不安に思っていました。しかし、じつは地震という言葉が指すのは地面の揺れだけではありません。揺れは重要なプロセスなのですが、地震にはほかにも多くのプロセスが含まれていて、そのためにしばしば誤解が生じます。これから地震のさまざまな面について説明していく前に、まず地震とはどのような現象で、とくにその大きさはどのように表現されるか見ていきましょう。

2.1 地震のプロセスと規模

「地震」の揺れをさかのぼる

　私たちが「地震だ！」と感じる揺れ、とくに地表近くの地震の揺れのことを、専門用語では**地震動**と呼びます。ただし地震のときに揺れるのは、地表近くだけではありません。

　地表での揺れは地下深くから伝わって来ます。揺れのもとを少しさかのぼると、地下を伝播していく**地震波**としての地震をイメージすることができます。地下の岩盤中を伝わる弾性波動です。都市の多くは土（堆積層）の上につくられているので、足元に岩盤があるというイメージがわかないかもしれません。しかし、関東周辺の厚い堆積層に覆われた場所でも、数キロメートル掘れば硬い岩盤にぶつかります。山に行けば地表に露出した岩

図 2.1 「地震」が含むもの

盤を見ることができます。その岩盤は地下深部までつながっているのです。

　岩盤は一様な弾性体ではなく、さまざまな岩石や鉱物からなる複雑な物質です。地震波は均一な弾性体の中では光と同様に直進しますが、複雑な岩盤の中を伝わるときには反射や屈折を何度も繰り返します。ガタガタという地震動のかなりの部分は、この波動伝播における反射や屈折によって生みだされます。とくに堆積層を含む地表近くの複雑な地下構造を伝わる際には、もともと単純な地震波でさえ、きわめて複雑な揺れとなります。

　伝わる地震波をさらにさかのぼると、その源にたどり着きます。地震波のエネルギーの放出源、**震源**です。震源は空間の一点として示されるようなものではなく、岩盤中に広がっている断層面という面です。震源でのエネルギー放出プロセスが地震波を生みだし、その波が地下の岩盤中を伝わり、最終的に地面や建物を揺らします。この一連の現象はすべて、広い意味での地震です（**図 2.1**）。ただ、地震という言葉を狭く使うと、エネルギー源としての震源を指すことも、足元の地震動を指すこともあり、しばしば混乱を招きます。

大きな地震とは？

　私たちはとくに疑問ももたずに「大きな地震」「小さな地震」という言葉

を使います。しかし今見てきたように、地震がいくつかのプロセスに分かれているなら、地震の大きさとは何を指すのでしょうか？　じつは、地表での地震動、地下を伝播する地震波、エネルギー源としての震源というそれぞれのプロセスについて、大きさを測ることができます。「大きな地震」といったときに何の大きさを指しているのか曖昧だと、混乱が生じがちです。とくに「震度」と「マグニチュード」がわかりにくいといわれます。どちらもだいたい4～7という値が注目される指標なので、混乱するのももっともなのですが。

　地表での地震動の大きさの尺度として**震度**が有名です。震度はある場所がどのくらい揺れたかという尺度なので、1回の地震でも場所ごとに違う値をとります。一方、エネルギー源としての震源の大きさは**マグニチュード**を用いて説明することが多いです。これは1回の地震について1つに決まるべき尺度です。一般的には、震度は震源に近いほど大きく、震源から遠ざかるにつれて小さくなります。また、震源からの距離が同じくらいの場所どうしを比較すると、マグニチュードが大きいと震度も大きい傾向があります。しかし、史上最大級のマグニチュード9を超える地震がチリで起きたとしても、地球の裏側の日本では人が感じるレベルの揺れはありませんから、震度は最低の0となります。

　震度もマグニチュードも、長さや速さあるいはエネルギーのような物理量ではありません。また歴史を引きずったさまざまな定義があります。単位もついていませんが、それぞれさまざまな物理量と関係はあります。以下ではもう少していねいに、地震動と震源の大きさの尺度について、物理学的な意味を見ていきましょう。

2.2　地震動の尺度「震度」

震度4の地震？

　地震が起きると、NHKで地震速報が流れます。その内容が数年前に一部変わりました。かつての速報では、たとえば「ただ今、関東地方で震度4の地震がありました」といった決まり文句が使われていたのですが、現

在は「ただ今、関東地方で震度 4 の揺れを観測する地震がありました」というようになりました。何が違うかおわかりでしょうか？　後者の説明は多少回りくどいですが、震度が地震全体というより、局所的な揺れ＝地震動の尺度であることが明確になっています。もっとも報道機関によっては、このような工夫をしているところと、していないところに分かれているようです。注意して比較するとおもしろいかもしれません。

　ある地点の地震動は、後で詳しく説明しますが、物理学的に厳密に計測できます。それならば、その計測値を使って揺れの大きさを説明すればよい、と思うでしょう。しかしそれでは直感的にわかりにくいのと、なにより歴史的経緯から、震度がよく使われています。震度は地震がどのようなものか理解される以前から、経験的に用いられてきた尺度です。

揺れを震度に結びつける

　震度はある地点での地震動（揺れ）をいくつかの階級に分けたもので、もともとは、体感した揺れや構造物の破損状況と結びつけて定義されていました（図 2.2）。日本で用いられていた気象庁の震度階では、たとえば、震度 1 は「静かにしている場合に揺れをわずかに感じる。立っていては感じない場合が多い」、震度 3 だと「ちょっと驚くほどに感じ、眠っている人も目をさます」、震度 5 では「立っていることはかなり難しい。一般家屋では軽微な被害が出始める」などと決まっていました。また、震度は 7 までしかなく、震度 7 だと「30％以上の家屋が倒れる」と定められていました。尋常な揺れではありません。

　地震国日本は、地震についてのさまざまな独自基準をもっていますが、震度もそのひとつです。国際的には、12 段階あるメルカリ震度階のほうがよく使われます。メルカリ震度階の値は、おおむね日本の震度の 1.5 倍くらいの数字になります。ですから、アメリカで震度（seismic intensity）が 7 の地震があったといわれても、大騒ぎする必要はありません。メルカリ震度階の 7 は日本の震度ならば 4 か 5 弱くらいで、30％以上の家が倒れるような大災害になったとは考えられません。

計測震度

　揺れの体感や構造物の破損状況による尺度は、客観的でないことに加え

図 2.2 気象庁の震度階（かつての定義）

震度 1
静かにしている場合に揺れをわずかに感じる。立っていては感じない場合が多い。

震度 3
ちょっと驚くほどに感じ、眠っている人も目を覚ます。

震度 5
立っていることはかなり難しい。一般家屋では軽微な被害が出はじめる。

震度 7
30% 以上の家屋が倒れる。

て、地震後すぐに算出できないという欠点もあります。現在では全国各地に地震計が設置されており、とても強い地震動でも完全に記録し、デジタルデータとして伝送できるようになっています。ですから、地震計の記録から直接震度を計算したほうが、客観性・即時性の面で有利です。

　そこで日本では 1996 年以来、気象庁が、観測される地震動から直接震度を計算するようになりました。この震度をとくに**計測震度**と呼びます。地震が起きると、全国各地に展開した震度計（震度計算のために最適化された地震計）で直ちに計測震度が計算され、その結果がニュースで報道されています。階級としては 0 から 7 までありますが、計測震度の計算上、震度 5 と 6 の範囲が大きすぎたので、それぞれ強・弱の 2 階級に分けることにしています。そのため、震度は 0 から 7 までの 10 階級と、ちょっとおかしなことになってしまいました。計測震度の計算法は昔の経験的な震度階とおおむね一致するように設計されていますが、必ずしも対応がよくないという批判もあります。

　計測震度の登場で、体感や被害にもとづく震度階は、日常的には用いら

れなくなりました。しかしかつて起きた地震の地震動の大きさを見積もるうえでは、いまだに役に立っています。古文書などの記述から各地の震度を推定し、現在の震度分布と比較することで、昔の地震がどのようなものだったかを想像できるのです。

2.3 正確に地震動を測る

地震計で測る

　そもそも地震動とは、揺れとは何でしょうか。地震の際に宙に浮いた状態で地面を観察すれば、地表の一点がもとあった場所から上下左右に動くのが見えるでしょう。地震計はこの動きを時間とともに記録します。動いた量を変位といい、地震計は変位を「もとの位置からある方向に何メートル」と測ることができます。地震動を測るうえで重要なのは変位だけではありません。変位が同じ揺れでも、速い揺れ、遅い揺れという違いがありえます。ある地点の変位にどれくらい時間がかかるか、つまり速度がどれくらい大きいかによって、揺れの体感は大きく異なります。数学的には、速度は変位を時間微分したものです。速度をさらに時間微分して得られる加速度も、地震動の尺度のひとつです。

　このうち加速度の記録をもとに計測震度が算出されます。計測震度の算出法は気象庁のウェブページなどで厳密な定義が説明されていますが、いくつものステップに分かれていて簡単に説明するのは困難です。重要なこととして、3次元的な揺れを見ていること、加速度記録に数学的処理を施して、たんに加速度だけでなく速度にも依存するような値として算出していること、数秒間の記録を用いていて、瞬間最大値ではないことなどがあげられます。

さまざまな地震計測

　ひとつの地震計で計測できるのは通常、変位、速度、加速度のうちのいずれかひとつです。計測する量に応じて、それぞれ変位計、速度計、加速度計とも呼ばれますが、記録を適切に微分あるいは積分すれば、どの地震

計からも変位、速度、加速度を求められます（**図 2.3**）。3 次元的な運動を測るために、水平 2 方向と鉛直 1 方向の計 3 方向について計測します。地震による変位や速度の大きさは、検出限界ギリギリの揺れと震災を起こすような揺れとでは何桁も違います（後述しますが、加速度については一概にはいえません）。また、ゆっくりした揺れからガタガタした揺れまで、さまざまな周期を含んでいます。どんな地震動でもひとつの機械で完全に計測する万能地震計というものは、いまだ開発されていません。用途に応じ

図 2.3 地震計による加速度・速度・変位の計測と地震計の例

(a) 熊本地震の際に益城町で得られた計測結果。左から加速度・速度・変位。上から東・北・上を正とした方向。

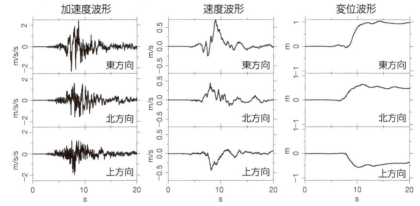

(b) 気象庁 59 式地震計（左：上下動、右：水平動）。1960〜90 年代に用いられた。

（写真提供：国立科学博物館）

てさまざまな地震計が開発され、併用されています。

　体に感じないような微弱な揺れを測定する**高感度地震計**や、非常にゆっくりした（長周期の）揺れを測定する**広帯域地震計**は、ふつう速度を記録します。これらの地震計は大きな揺れが来ると測定限界を超えてしまうので、大きな揺れの測定に特化した**強震計**というものもあります。強震計には加速度を記録するものが多いです。大きな地震の場合、地震動が収まった後も残る変位（永久変位）があり、その大きさはGPSなどで計測できます。

　じつは多くの方がふだん地震計を持ち歩いていることをご存知でしょうか？　近年はゲーム機器やスマートフォンにも小さな地震計が搭載されています。これは指先にも載るくらいの小さな電子機器で、加速度を記録するMEMSと呼ばれるセンサーです。このセンサーで計測した重力の情報を用いて、スマートフォンを動かして遊ぶゲームが可能になっています。MEMSの計測データを可視化するスマートフォン用のアプリも開発されています。興味のある人は「地震計」とか、英語で地震計を表す「seismometer」といったキーワードで検索してみると、いろいろ見つかるでしょう。

最大の地震動

　地震のときに記録される加速度、速度、変位の大きさはどれくらいでしょうか？　世界の観測史上、最も多くの地震計で観測された超巨大地震、東北沖地震では多くの地震観測点で重力加速度（$1\,\mathrm{G} = 9.8\,\mathrm{m/s^2}$）を超える加速度が検出されました（**図 2.4**）。加速度が1Gを超えるということは、地面に置いてある物体が跳ね上がる可能性があることを意味します。実際、地震の後に「飛び石」というものが発見されることがあります。これは、その地点での加速度が1Gを超えたために、地面から跳ね飛んだ石だと考えられます（**図 2.5**）。東北沖地震の際に陸上で観測された最大加速度はほぼ3G（$29.3\,\mathrm{m/s^2}$）、速度の最大値は約1 m/s、永久変位は10 m程度でした。この地震の震源は海底下だったので、最も大きな変位が観測されたのは海底です。震源のすぐそばでは変位が約50 mに達したことが、海底地形調査から明らかになっています。

　ただし加速度に限れば、東北沖地震が史上最大というわけではありません。今のところ、国内で過去に記録された加速度の最大値は、2008年の岩

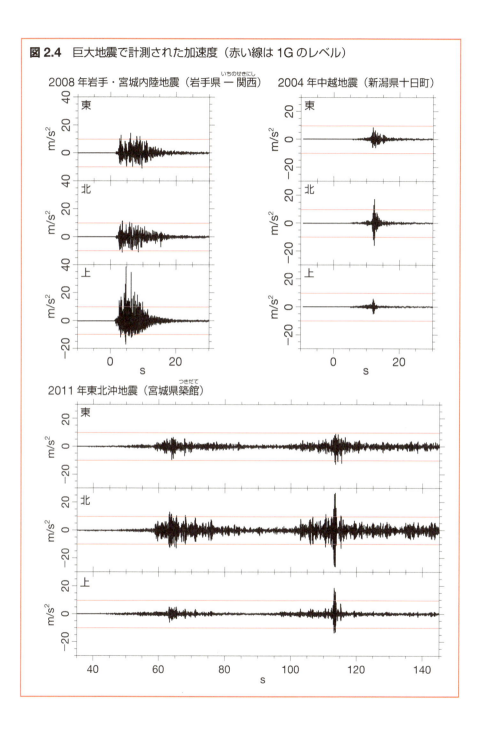

図 2.4 巨大地震で計測された加速度（赤い線は 1G のレベル）

図 2.5 （左）1996 年中国雲南省麗江地震後に麗江盆地北部で見られた飛び石。（右）飛び石は大振幅の地震波によって、もともとあった地表から飛び出たと考えられる。

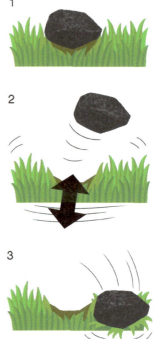

DPRI Newsletter No.4（1996 年 6 月、京都大学防災研究所発行）から転載
(http://www.dpri.kyoto-u.ac.jp/web_j/dprinews/news4/n4-10.html)

手宮城内陸地震における約 4 G というものです（図 2.4）。大地震だからといって必ずしも加速度が大きいというわけでもなく、その大きさは震源からの距離に強く依存します。

ごく短距離で地震のような揺れを観察したければ、実験室で岩石を破壊して、そのとき生じる弾性波（地震波）を観察するという手段があります（岩石実験と地震との関係については第 5 章参照）。岩石の破壊の瞬間に直近で加速度を観測すると、10 G という大きな値が計測されることもあります。ただしこれは瞬間的な値にすぎず、実験時に計測される速度や変位はさほど大きくなりません。地震動と災害との関係を議論するときには、瞬間最大値だけでなくその継続時間も重要です。

2.4 破壊すべりとその大きさ

震源＝破壊すべり

　いよいよ地表で観察される地震動の源を考えましょう。時間をさかのぼって地中を伝播する地震波をたどっていくと、地下の岩盤中にある地震の震源にたどり着きます（図2.1）。この震源は数学的に表現される一点ではなく、ある程度の空間的な広がりをもっています。この広がりをもった岩盤中で何が起こっているのかを理解することが、地震現象の理解にとってきわめて重要です。

　震源となる地下の岩盤では、岩盤が破壊し、引き続いて摩擦を伴いながらすべり運動をする際に、運動中の岩盤によって、周囲に地震波が生みだされ遠方まで伝わっていきます。この破壊を伴う摩擦すべりを、本書では**破壊すべり**と呼びます。地下には十分なすき間がないので、岩盤が破壊するといっても、地表で物が破壊するときのように粉々になったりはできません。すき間のない環境で起こる破壊は3次元的というより2次元的に進みやすいのです。そこで破壊は面に集中するように起こり、面をはさんで岩盤がずれるという形をとります。この破壊すべりを起こす、岩盤中にある比較的壊れやすい面（弱面）が**断層面**です。破壊すべりは断層の動きということもできます。

　破壊すべりはイメージするのが難しい現象です。地下の岩盤は通常数百度以上の高温で、そのうえ高い圧力がかかっています。高温、高圧の状態で岩盤はがちがちに固められていて、弱面の断層面でさえ変形させるのは困難です。それでも、長い時間をかけて岩盤に蓄えられたエネルギーにより、巨大な力が岩盤にかかり、まず断層面の一部が破壊します。この最初の破壊の場所はほぼ点とみなせ、**破壊開始点**と呼ばれます。地震が起きた後にニュースなどで震源の位置として×印で地図に示されるのは、通常、この破壊開始点です。

　破壊した場所では、岩盤どうしが断層面を境にすべります。そのすべりが周囲の岩盤を動かすことによって地震波が生じ、周囲に伝わっていきます。その地震波によって周囲の岩盤にさらに力がかかり、条件によっては、す

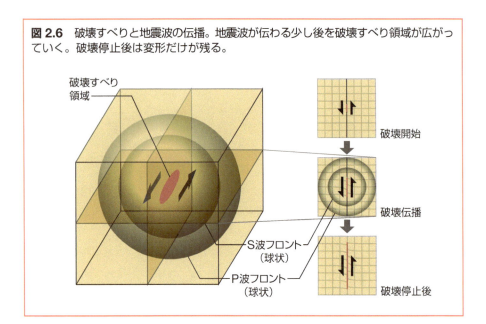

図 2.6 破壊すべりと地震波の伝播。地震波が伝わる少し後を破壊すべり領域が広がっていく。破壊停止後は変形だけが残る。

でに破壊した面の周辺で新たな破壊すべりを生みだし、そこからさらに地震波が放出されます。このように、破壊すべりと地震波は相互に原因と結果になりながら、周囲に広がっていきます。破壊開始点から破壊すべりが2次元的（面的）に広がっていくとき、その少し先を地震波が3次元的に伝わっていく、**図 2.6** のようなイメージが想像できるでしょうか？　この相互に干渉しあうプロセスが、地震現象のやっかいな性質を生みだします。

破壊すべりの例

　もう少し具体的に破壊すべりをイメージするために、阪神大震災を引き起こした兵庫県南部地震の破壊すべりがどのようなものだったか紹介しましょう（**図 2.7**）。実際の破壊すべりの様相を明らかにする方法については、次章で説明します。この地震の原因は、神戸市と淡路島北部の地下にもともとあった断層面での破壊すべりです。この破壊すべりは、水平約 50 km、ほぼ垂直に 20 km の面を境にした水平方向のすべり運動でした。

　破壊開始点は明石海峡直下、約 15 km の深さにありました。じつは兵庫県南部地震の数時間前にも、ほぼ同じ場所で数回小さな地震が起こっていました。地震が小さくても大きくても、その震源は破壊すべりなのです

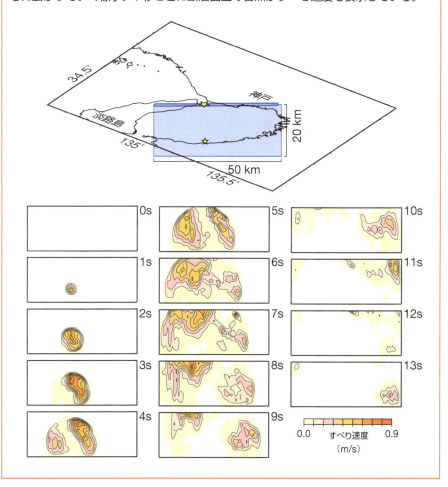

図 2.7 地震波の分析から明らかになった兵庫県南部地震の破壊すべり（Ide & Takeo, 1997）。地図で示したほぼ鉛直の断層上を、星印から始まった破壊すべりが時間とともに広がっていく様子。1秒ごとに断層面上の各点がすべる速度を表示している。

が、この数時間前に始まった破壊すべりは、あまり広い範囲には広がりませんでした。しかし、1995年1月17日5時46分に開始した破壊すべりは、周囲の岩盤へ次々に広がりました。まず数秒かけて明石海峡からやや神戸側に広がった後、淡路島側にも広がり、その破壊すべりは地表まで到達しました。地表では、地震発生前から知られていた野島断層という断層を破壊し、約2mのずれを生みだしました。このように地表まで達する破

壊すべりが起きた断層を**地表地震断層**と呼びます。野島断層の地表地震断層は現在でも観察することができます（コラム①参照）。

　一方、神戸側に伝わった破壊すべりは10秒くらい続きましたが、淡路島側のように地表まで到達することはありませんでした。この図で注意したいのは、表示されているのは個々の断層位置での破壊すべりの速さであるということです。地震波の伝播は示されていません。岩盤どうしが面をはさんで互いに食い違うときの速さは秒速約1mです。これに対して、破壊すべりが伝わる速さは秒速2〜3kmと桁違いです。この図に示していない地震波は、それぞれの位置の破壊すべりから次々に放出され、破壊すべりの広がりより少し速く3次元的に広がっていきます（図2.5）。神戸市では破壊すべりは地表に到達しなかったものの、地下の破壊すべりから生まれた強い地震波が到達し、強い地震動が生じました。それが大きな震災につながったのです。

2.5　震源のマグニチュード

震源の大きさ

　兵庫県南部地震の例からわかるように、破壊すべりの量は時間とともに場所ごとに変化します。したがって、単純な1つの数値で表すには複雑すぎます。もっとも、前述のような破壊すべりの分析が可能になったのは比較的最近のことで、それ以前は地震の震源でのエネルギー解放の尺度として、マグニチュードが用いられてきました。

　日本で地震の大きさをマグニチュードで表しますが、英語でmagnitudeとはたんに「大きさ」を意味する普通名詞で、とくに地震の大きさとは限りません。日本の「マグニチュード」に相当するのは「リヒター（発音は「リクター」に近い）スケール」です。しばしば震源でのエネルギーの放出量の指標といわれますが、厳密に物理的な量ではありません。1935年にアメリカ人チャールズ・リヒターが定義したもので、もともとは便宜的な尺度でした。定義もかなりおおざっぱで、震源から100km離れた場所に設置された地震計（当時「標準」とされていたタイプのもの）で測定された、

変位振幅の常用対数をマグニチュードとしたのです。もちろん地震はさまざまな場所で起こりますから、震源から 100 km 離れた場所に、都合よく地震計があるわけはありません。実際にマグニチュードを計算するためには、距離とともに振幅がどれくらい変わるかを表す経験式を作成し、距離を補正する必要がありました。

このように地面の揺れの振幅を用いて便宜的に決められたマグニチュードでしたが、この振幅は地震波のエネルギーと関係します。後に震源物理の知識や、地震波動の伝わり方についての知識が増えた結果、マグニチュードと地震波のエネルギーとの対応が明らかになっています。リヒターのオリジナルな定義以来、地震研究の進展とともにさまざまなマグニチュードの定義が用いられてきました。よく普及しているものだけでも 5 種類以上ありますが、おおむねすべてのマグニチュード M がエネルギー E を用いて

$$M = \frac{2}{3}\log_{10} E + \text{定数}$$

のように表すことができます。マグニチュードが 1 違うとエネルギーはほぼ 30 倍違い、マグニチュードが 2 違うとエネルギーは 1000 倍違うことになります。たとえば $M8$ の大地震と $M2$ の小地震ではエネルギーが 9 桁も違うけれども、その対数であるマグニチュードを用いることで、どちらも 1 桁の数で表されます。

マグニチュードの不正確さ

あるひとつの地震について、定義の異なるマグニチュードの値は当然異なります。何種類もあるマグニチュードのそれぞれについて、定義の細かな違いを解説することは本書の趣旨から外れますが、マグニチュードの値にはかなり大きな不正確さが含まれていることは、知っておいてもよいでしょう。そもそも観測される地震動からの推定量なので、0.1 〜 0.2 くらいの推定誤差はつねにありますが、それ以上に誤差が大きいこともあります。

気象庁のウェブサイトでは、兵庫県南部地震のマグニチュードは 7.3 とされています。この値も地震直後は 7.2 とされていましたが、その後訂正されました。これは気象庁独自の計算方法で推定したマグニチュード（気象庁マグニチュード）ですが、別のマグニチュードでは異なる値が報告されています。たとえばコロンビア大学（かつてはハーバード大学）が世界

表 2.1 気象庁（M_{JMA}）と Global CMT（M_w）のマグニチュードの違いの例

年月日	名称	M_{JMA}	M_w
1995 年 1 月 17 日	兵庫県南部地震	7.3	6.9
1997 年 6 月 25 日	山口県北部の地震	6.6	5.8
2000 年 7 月 21 日	茨城県沖	6.4	6.0
2000 年 10 月 6 日	鳥取県西部地震	7.3	6.7
2003 年 9 月 26 日	十勝沖地震	8.0	8.3
2014 年 11 月 22 日	長野県北部の地震	6.7	6.3
2016 年 4 月 16 日	熊本地震	7.3	7.0

のすべての地震について推定している Global CMT のマグニチュードでは、6.9 です。これくらいのずれは珍しくありません。気象庁と Global CMT のマグニチュードが顕著にずれている例を**表 2.1** に示します。

　前述のエネルギーとの対応が念頭にあれば、6.9 と 7.3 ではエネルギーが約 4 倍違うことになりますが、そういう議論に意味はありません。地震ごとに異なる複雑な破壊すべりを 1 つの量で説明しようとすれば、それくらいの不確定性が生まれるのは避けられないのです。たとえば人間の大きさを 1 つの量で表すことを考えましょう。身長にするか体重にするか。どちらもまったく関係なくはありませんが、片方だけでは人の大きさを表現できません。地震のマグニチュードも似たようなものです。マグニチュードに避けられない不確定性があることは、その値をもとに防災対策を考えるとき重要になります。

　東北沖巨大地震のマグニチュードは 9.0 といわれています。しかし前述の気象庁マグニチュードの計算方法では、こんな値にはなりません。実際に、気象庁は地震直後にマグニチュードを 7.9 と公表しました。また、それにもとづいて最初の津波警報を出したために、津波高さの見積もりが小さめになった、ともいわれています。気象庁はあわてて計算ミスでもしたのでしょうか？　そうではありません。ある種のマグニチュードでは計算上の最大値が決まっていて、気象庁の計算方法もそういう限界をもっていたのです。東日本大震災ではその限界があらわになったにすぎません。マグニチュードはさまざまな大きさの地震に適用されますが、非常に大きな地

震の大きさを正確に測れないようでは、防災対策上大問題です。とくに大きな地震の大きさをどのように測るかというのは、実際的な重要性をもって今でも議論されている、古くて新しい問題です。

2.6 破壊すべりと地震モーメント

破壊すべりの大きさ

現在では、震源は地下の岩盤中にある断層面上の破壊すべりだとわかっています。そのため、震源の大きさは、地震波の振幅から推定されるマグニチュードとは別の方法でも測れます。まず、断層のすべりによる変形量で地震の大きさを測ることを考えましょう。実例として断層面の大きさは、$M7$の兵庫県南部地震の場合で 50 km × 20 km くらい、$M9$の東北沖地震では 400 km × 200 km くらいでした（**図 2.8**）。マグニチュードが 1 大きくなると、断層面の縦も横も約 3 倍、面積はおよそ 10 倍になります。断層面上のすべり量は場所によって違いますが、$M7$くらいの地震だと数

図 2.8　地震の規模と断層面の比較

メートル、$M9$ の東北沖地震では数十メートルにもなったことが、地震後の海底地形調査で明らかになりました。すべり量も、マグニチュードが 1 大きくなると約 3 倍、2 大きくなると 10 倍になります。

このような地震前後の変形にもとづく震源の大きさの尺度として、断層の面積に平均的なすべり量をかけた、震源の体積のようなものが考えられます。また、面積とすべり量の積に、さらに変形した岩盤の硬さを表す定数「剛性率」をかけたものは、**地震モーメント**と呼ばれます。安芸敬一が定義したもので、M_0 と書くことが多いです。もう少し数学的に正確に地震モーメントを説明するならば、空間的に変化するすべり量と剛性率の積を、断層面全体にわたって積分した量、といえます。その大きさは地震前後の変形量によって決まりますが、その変形がどれくらい急激だったかにはよらない、ということは重要です。地震モーメントはさまざまな方法で推定することができ、その誤差も比較的小さい（といっても数割程度）ので、震源の大きさの尺度としてかなり正確といえます。これにくらべると、地震波のエネルギーの推定ははるかに不正確です。このため、現在では地震の大きさを表す物理量として、地震モーメントが最もよく用いられます。

モーメントとは何か？

上の「震源の体積のような量」という説明と「地震モーメント」という名前の組み合わせに違和感を覚えた方もいらっしゃるかもしれません。この名前には理由があります。

物理学でモーメントというと、ある軸に対する回転運動を起こす力の大きさを指し、軸からの距離と回転させる力の積で表されます。体重の違う 2 人がシーソーに乗ってつりあいを取るには、軽い人はシーソーの軸から遠くに座ることになります（**図 2.9**）。体重とシーソーの軸からの距離の積（＝モーメント）を等しくすれば、つりあうのです。このモーメントが地震とどう関係するのでしょうか。

地震のときには断層面をはさんで岩盤がすべるので、この部分は回転しているように見えます。ところで、物理学にはいくつか破ってはいけないルールがあります。そのひとつが、何も力を加えないのに突然回転が始まってはいけない、というものです。角運動量の保存則という呼ばれ方もします。地震が起きたときにも、地球全体ではこの法則が満たされている

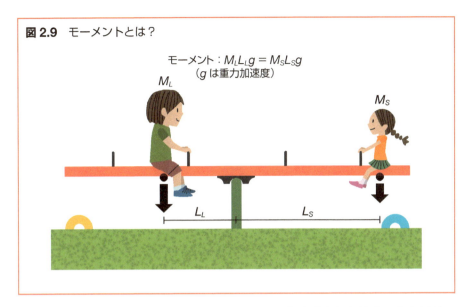

図 2.9 モーメントとは？

はずです。じつは地震のときには、この回転運動を打ち消すような反対回転の運動が起こるので、角運動量の保存は満たされます。現代の測地観測では、この 2 種類の打ち消しあう回転運動を直接観測することもできます（**図 2.10**）。このときに打ち消しあう 2 つの回転運動のモーメントが地震モーメントです。

モーメントは力（標準単位はニュートン：N）と長さ（標準単位はメートル：m）の積なので、単位は Nm です。これはエネルギーの単位（J ＝ Nm）と同じです。後の章で説明しますが、地震波のエネルギーと地震モーメントは、ほとんどの地震で比例します。したがって、地震波のエネルギーとマグニチュードの関係について以前説明したとおりのことが、地震モーメントとマグニチュードにも当てはまります。すなわち、マグニチュードが 1 増えると地震モーメントは約 30 倍、2 増えると 1000 倍です。このような関係を用いて、地震モーメントと 1 対 1 に対応するように定義したマグニチュードを、**モーメントマグニチュード**（M_w）と呼びます。前述の Global CMT のマグニチュードもモーメントマグニチュードです。その定義は金森博雄によるもので、

$$M_w = \frac{2}{3} \times (\log_{10} M_0 - 9.1)$$

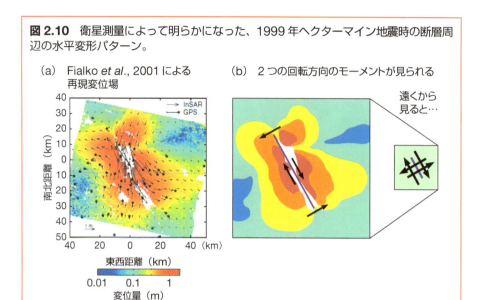

図2.10 衛星測量によって明らかになった、1999年ヘクターマイン地震時の断層周辺の水平変形パターン。
(a) Fialko *et al*., 2001による再現変位場
(b) 2つの回転方向のモーメントが見られる

という計算式です。この式の右辺にある9.1という数値は、リヒターのもともとのマグニチュードを含め、ほかのさまざまなマグニチュードとM_wがだいたい同じ値にするための補正です。地震波のエネルギーについて説明したのと同様に、M_wが1増えるとM_0は約30倍、2増えると1000倍になります。

東北沖地震を例に計算してみましょう。断層面積を400 km × 200 km、すべり量を20 m、海底下の岩盤の典型的な剛性率を30 GPaとすると、地震モーメントM_0は4.8×10^{22} Nm、モーメントマグニチュードM_wは9.05となります。この数値が、東北沖地震が*M*9の超巨大地震といわれる根拠です。

column 1　地表地震断層を見に行こう

地震のときに地表に現れた破壊すべりが、地表地震断層です。地表地震断層は、*M*6.5より大きな地震の後にはかなりの高確率で見つかります。地表地震断層が見つかると、その断層についてさまざまな調

査研究がおこなわれます。最初は地表でどこに断層があり、どれくらいの変形があったかを測定します。さらに、断層の周辺に深さ数メートルの溝を掘って、地下の断層の断面形状や物質を調査することもあります。この溝をトレンチといいます。トレンチ調査は必ずしも地表地震断層だけでなく、将来地震を起こすと考えられる断層でもしばしばおこなわれます。そこで得られる地層のずれ具合から、最近の地震だけでなく過去の地震の歴史を把握できるのです。

公的な研究資金を用いておこなわれるトレンチ調査では、トレンチを掘った人が調査するだけでなく、外部の人向けに見学会などが開催されることもあります。トレンチに入って断面を見ると、地下の地層を切断するように破壊すべりが起こる、まさに「断層」という名の運動を想像することができます。

通常のトレンチ調査では、調査が終わるとトレンチを埋め戻すので、

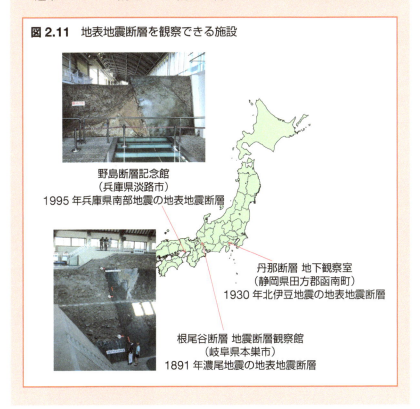

図 2.11 地表地震断層を観察できる施設

野島断層記念館
（兵庫県淡路市）
1995 年兵庫県南部地震の地表地震断層

丹那断層 地下観察室
（静岡県田方郡函南町）
1930 年北伊豆地震の地表地震断層

根尾谷断層 地震断層観察館
（岐阜県本巣市）
1891 年濃尾地震の地表地震断層

断層の断面を見ることはできなくなります。しかし、例外的に調査後も断層の断面を観察できるように、博物館のような施設が建設された場所もあります（**図2.11**）。いずれも大きな震災を生んだ地震の際に現れた断層の展示施設で、関連情報も豊富に展示されています。地震の破壊すべりが広がる様子を想像するうえですぐれた施設です。ぜひ足を運んでみてください。

第3章 地震を"視る"技術

　破壊すべりで解放されたエネルギーは、地球の内部を地震波として伝わっていきます。その速度は秒速数キロメートル、時速にすると1万キロを超えます。人間の感覚からするととても高速ですが、光や電気信号のスピードにくらべればはるかに遅いともいえます。ですから、震源近くで地震波を観測し、震源の位置や大きさを推定できれば、まだ地震波の届いていない場所に先回りをして警報を出すくらいはできます。これが緊急地震速報システムのもととなっているアイデアです。地震波は、破壊すべりの発生位置はもちろん、その向きや大きさ、空間的な広がりなどさまざまなことを教えてくれます。この章では、地震波がどのようなものか、それを使って震源についてどのようなことがわかるのか、詳しく見ていきましょう。

3.1 地震波とは

実体波と表面波

　地震波のうち、すでにP波とS波について簡単に紹介しました（第1章参照）。P波は弾性体が圧縮・膨張するような変形、S波はねじれるような変形が周囲に伝わっていく現象（**図3.1**(a)）で、それらの動きは弾性体の運動方程式を使って数学的に表現されます。P波は伝わる方向と振動方向がそろうので縦波、S波は2つの方向が直交するので横波、と分類することもできます。もし地震の破壊すべりが、等方で（どの方向にも同じ性質で）均質な無限に大きな弾性体の中の一点で発生したなら、弾性体の中にはP波とS波しか伝わりません。一点から果てしなく遠方へ、球面状に伝

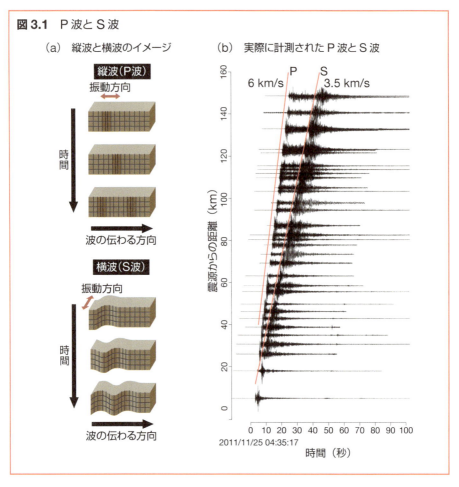

図 3.1 P 波と S 波
(a) 縦波と横波のイメージ
(b) 実際に計測された P 波と S 波

わっていく 2 種類の波がみられるでしょう。

　しかし実際には、地震波の伝わり方は物質ごと、岩石の種類ごとにも異なります。異なる物質が接するところ（構造境界）では、各物質中で地震波の伝わり方が違うために、反射・屈折が起こります。とくに顕著な構造境界は地表面です。地表面は地球の固体部分と大気との境界面です。大気も圧縮・膨張するので P 波（音波）は伝わりますが、S 波は伝わることができません。このような大きな違いのために、P 波も S 波も地表面でほとんど完全に反射されます。

　地表面に真下から届く波はそのまま真下に反射されますが、斜めに届く

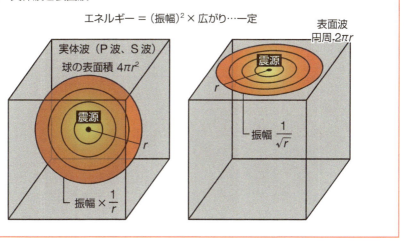

図 3.2 実体波と表面波

波はその入射角度によって異なる方向に反射されます。さまざまな方向に反射した波が重なると、地表面に沿って波が伝わるように見えます。これが**表面波**です。表面波に対してP波やS波を**実体波**と呼びます。地表面ほど極端でなくても、広範囲に広がる構造境界では、境界面に沿って効率的に伝わる境界波と呼ばれる波が観察されます。表面波は境界波の一種です。つまり地震波は、P波、S波のような物質の中を3次元的に伝わっていく波（実体波）と、物質中の構造境界に沿って2次元的に伝わる表面波のような波に分けられるのです（**図 3.2**）。

P 波と S 波

　P波はS波より速く伝わるので、地震の揺れはどの地点でも、まずP波として観測されます。それからしばらくしてS波が届きます（図 3.1(b)）。P波とS波の速度は物質によって異なりますが、地球を構成する岩石の場合、P波速度はS波速度の 1.7 倍程度です。同じ岩石でも圧力をかけるほど地震波速度は大きくなるので、通常、地球深部にいくほど速度は増します。震災被害をもたらす地震のときに重要となる、地殻上部での代表的な地震波速度はP波で 6 km/s、S波で 3.5 km/s くらいです。

　速さの次に、振幅について考えてみましょう。ほとんどの場合、S波はP波より大きな振幅をもちます。波のエネルギーは振幅の2乗に比例する

ので、S 波はエネルギーも P 波より大きく、そのために S 波は**主要動**とも呼ばれます。後述するように、実際には断層の向きによって地震波の振幅が異なり、場所によっては P 波の揺れが S 波より大きいこともあります（3.4 節参照）。ただ、平均的には S 波の振幅は P 波の 3 倍程度で、S 波のエネルギーは P 波の 10 倍程度になります。P 波は先に届く小さい波なので、昔から**初期微動**と呼ばれてきました。

　縦波である P 波は、弾性体が圧縮されたり膨張されたりする変形として伝わるので、圧密波とも呼ばれます（図 3.1(a)）。圧密波を起こすいちばん典型的な膨張エネルギー源は火薬などの爆発です。たとえば、等方均質な弾性体の中で爆発が起こると、四方八方にまったく同じように（等方に）膨張のエネルギーが P 波として伝わります。等方な爆発では、S 波はまったく伝わりません。ですから、S 波が主要動であるという事実が、地震のエネルギー源が爆発のようなものでないことを示しています。

　横波である S 波では、物体の変形はサインカーブのように伝わります（図 3.1(a)）。波の進行方向に対して直交するのは 1 本の線だけではなく 1 つの面であり、S 波はその面内の振動です。P 波の振動は、膨張か圧縮かという 1 つの量（スカラー）を見ていれば把握できます。一方、S 波の振動を把握するには、それに加えて面内でどの方向に揺れるのか、つまり振動方向のベクトルも見なければならないのが複雑なところです。

表面波

　表面波は表面に届く実体波の反射の重ね合わせとして生じるので、S 波よりもさらに遅れて届きます。実体波が地球内部を 3 次元的に伝わるのに対して、表面波は地球の表面を 2 次元的に伝わります。この違いは、波がどのくらい遠方まで伝わるかを知るうえで重要です。

　ある一点から瞬間的にエネルギーが四方八方に放射されるとして、波の伝わり方をおおまかに考えてみましょう（図 3.2）。3 次元空間の場合、このエネルギーは球面状に伝わります。エネルギーは全体として保存され、球面の面積は距離の 2 乗（距離 r とすれば $4\pi r^2$）に比例するので、距離の 2 乗分の 1 に比例して小さくなり（減衰し）ます。一方、地表面を同心円状に伝わる表面波のエネルギーは、円周が距離（距離 r とすれば $2\pi r$）に比例するので、距離に反比例して（1 乗分の 1 で）伝わります。この違い

のせいで、震源から遠ざかるほどS波は表面波より急激に減衰します。したがって、相対的には表面波による揺れのほうが大きくなります。

　阪神大震災のとき、震源近くの神戸市や淡路島に被害をもたらしたのは、大部分がS波でした。その一方、遠方ではS波より表面波の振幅が大きくなりました。**図 3.3**はオーストラリアで観測された、この地震の地震波です。P波、S波に遅れて大振幅の表面波が届いたことがわかります。これらは人体には感じられないものの、機械では正確に記録できる揺れです。この地震波記録から、表面波にも2種類あることがわかります。オーストラリアは日本のほぼ真南に位置するので、南に伝わるP波は地震計の南北成分と鉛直成分にだけ記録されます。表面波にも、P波と同様に南北成分と鉛直成分に記録される波と、東西成分によく見える波があります。前者を**レイリー波**、後者を**ラブ波**といいます。

　表面波はあまり減衰しないので、大地震の地震波は地球の反対側まで伝わり、さらに半周してもとの震源の位置まで戻ってくることもあります。

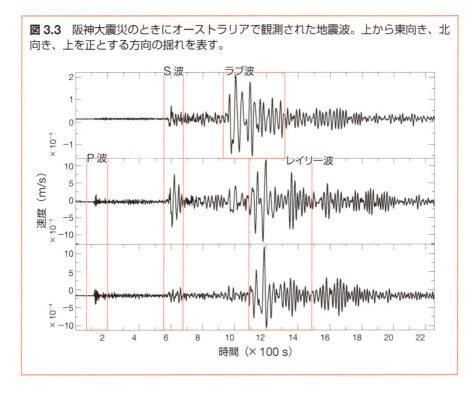

図 3.3　阪神大震災のときにオーストラリアで観測された地震波。上から東向き、北向き、上を正とする方向の揺れを表す。

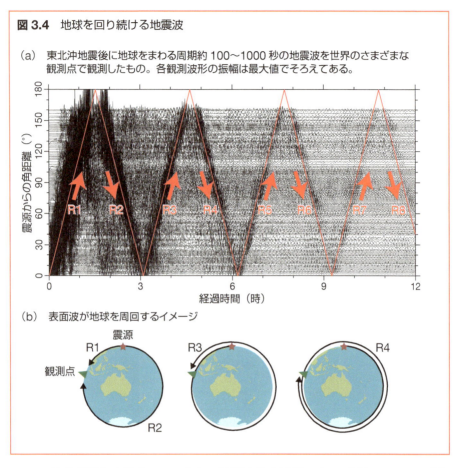

図 3.4 地球を回り続ける地震波

(a) 東北沖地震後に地球をまわる周期約 100〜1000 秒の地震波を世界のさまざまな観測点で観測したもの。各観測波形の振幅は最大値でそろえてある。

(b) 表面波が地球を周回するイメージ

地球表面を 1 周するのにかかる時間は約 3 時間です。1 周どころか、2 周、3 周と何時間も地球を回り続けることもあります。東北沖地震後には、ほぼ 1 日中地球を回り続ける地震波が観測されました（**図 3.4**）。

3.2 日本と世界の地震観測網

日本の高感度地震観測

地震の観測に用いられる地震計にはいくつかのタイプがあることを第 2

章で紹介しました。これらはどんなところに置かれ、観測をおこなっているのでしょうか。まずは日本国内の地震観測の現状を紹介します。

人が感じない微弱な揺れまで検出できるのが、**高感度地震計**です。秒速 1 nm（ナノメートル）程度の小さな速度変化まで検出することができますが、この精度の観測が役に立つのは、観測の邪魔になるノイズがない場合に限られます。というのも、高感度地震計にとって人間活動が起こす揺れは十分大きく、地震計の近くを車が通ったりすれば大ノイズになってしまうからです。日本は島国なので、海洋波浪が生みだす自然ノイズも無視できません。ですから、高感度地震計はなるべく人里および海岸から離れた山奥に設置されます。しかしそうなると、首都圏のようにどこにでも人が住んでいる地域では選択肢がありません。そういった場所では、地下に深い穴を掘り、その底に地震計を設置します。関東圏、大阪圏では地震計を設置するために何か所か深い穴が掘られていて、最も深い岩槻（埼玉県）の観測点では地下 3.5 km の穴の底に計器が設置されています。大都市圏に限らず、日本全国いたるところに、山奥でさえ少なくとも 100 m の穴を掘って設置した高感度地震計のネットワークが、防災科学技術研究所の高感度地震観測網 Hi-net です。観測点は約 20 km 間隔で全国に約 800 か所配置されているので、案外みなさんの家の近くにあるかもしれません。

このように高感度地震計をたくさん設置することによって、とても小さな地震まで検出できます。震源が日本列島の下であれば、マグニチュード 0 どころか、マイナスのものまでが検出されています。

さまざまな地震観測

地震計の中には温度変化を嫌うものがあります。地震計を構成するバネの性質が温度によって微妙に変化するからです。周期が数十秒にもなるゆっくりした振動を正確に計測するための**広帯域地震計**にとってはとくに、温度変化は大敵です。そこで山に掘った地下壕の中という温度変化の小さい場所に設置したり、さらに壕の中の地震計全体を真空環境に置いたりする場合もあります。いうまでもなく、このような地震計の設置や保守には多くの費用と手間がかかります。防災科学技術研究所の広帯域地震観測網 F-net は、このような高性能地震計のネットワークです。

大きな地震の揺れを記録するための地震計が**強震計**です。前述の気象庁

震度算出用の震度計も一種の強震計です。多くの強震計は感度を犠牲にしているので、小さな地震の観測は苦手です。逆にいえば、これらの地震計は静かな場所に置く必要はなく、どこにでも設置できます。このような強震地震観測システムの代表例は、やはり防災科学技術研究所の K-NET と KiK-net です。両者合わせて全国 1800 か所に強震計が設置されています。

ほとんどの地震計は陸に設置されていますが、超巨大地震は海底下で起こることが多いので、海底に地震計を設置すれば重要な観測が可能になります。このような観測に用いられるのは、海水圧に耐えられるよう耐圧容器に入れられた海底地震計です。しかし、海底での地震観測にはコストがかかり、技術開発上もさまざまな困難があります。たとえば、海中からリアルタイムで信号を届けるためには、海底ケーブルシステムのような設備が必要です。1990 年代から、海底ケーブルを使った地震観測網が一部の地域で試験的に運用されてきました。その防災上の有効性が期待され、東北沖地震後、日本沿岸各地で設置が進んでいます。

ここまでに紹介したもの以外にも、気象庁、全国の大学や自治体などが地震計を設置して地震観測をおこなっています。それによって得られたデータの多くはインターネットでデータセンターに伝送されたのちに、一般にも公開されています。防災科学技術研究所の公開サイトでは、ここまでに紹介した Hi-net、F-net、K-NET、KiK-net をはじめさまざまな地震計のデータを、国内外を問わずどこからでも利用できます。

世界の地震観測

世界の国々も地震の観測をしています。アメリカ（おもに西海岸）、ニュージーランド、イタリアなどの比較的地震の多い先進国はもちろん、あまり地震のないヨーロッパの国々でも、各国周辺の地震について調べるための観測網が設置されています。中には、日本と同様にデータを公開している国もありますが、量と質で日本のレベルに達している国はありません。

そういう国ごとの個別の観測網とは別に、国際的な地震計のネットワークもあります。第 1 章で紹介した国際的な地震計ネットワーク WWSSN はもともとアナログ地震計のネットワークでしたが、1980 年代にデジタル化され、冷戦終結とともに旧東側諸国にも観測点網が広がりました。今では、より理想的な観測網となっています。

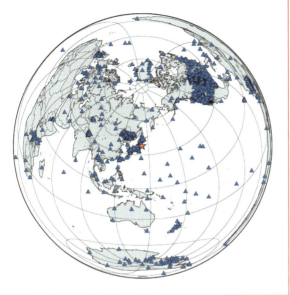

図 3.5 東北沖地震を観測した広帯域地震計観測点の分布

国際的なデータ流通も進んでいます。アメリカの地震学国際連携機構（IRIS）という機関は、世界中の地震のデータを収集しインターネットで公開しています。たとえば、2011 年に東北沖地震を観測した広帯域地震計観測点の分布は、**図 3.5** のようなものです。アメリカやヨーロッパでは高密度なのに、アフリカにはあまり観測点がないなど、地域的な偏りが大きいことがわかります。何より、地表の 3 分の 2 を占める海であまり観測ができていません。とはいえ、これだけの観測点からデータが得られるので、現在は、世界で起きる地震は $M5$ 以上なら確実に、$M4$ 以上でもだいたいはどこで起きても検出され、分析可能です。

3.3 地殻変動で視る地震

日本の地殻変動観測

　日本列島は地震のあるなしにかかわらず日常的に変形しており、地震のときにはとくに激しく変形します。逆にいえば、列島の変形（地殻変動）を観測することで、地震についての情報が得られるということです。

　国土の正確な形を知るために、明治時代以来、多数の三角点や水準点が設けられ、それらの点を測量士が巡回して測量（三角測量、水準測量）をおこなってきました。人が現地に赴いて測量するのですから、日本全国を

測量するとなれば 10 年以上かかる大事業でした。1946 年の昭和の東南海、南海地震の後におこなわれた全国三角測量には、1948 年から 1967 年までかかっています。これらの測量では非常に長期の変形は検出できますが、個々の地震の影響を調べるのには向きません。しかし、1990 年前後に測地測量の世界にも技術的革命が起こり、地上の任意の点の位置がきわめて高精度に、短時間で何度も繰り返し推定できるようになりました。その革命とは人工衛星を用いた測地技術の開発で、代表例は GPS です。

　GPS はまずカーナビに、その後スマートフォンなどのさまざまな機器に搭載され、いまや私たちの生活の必需品になりました。私たちが使う GPS のアンテナはスマホに入るほど小型ですが、そのお化けのような大型で高性能なアンテナが日本のあちこちに立っています。阪神淡路大震災後に全国的に設置された国土地理院の地殻変動観測網、GEONET です。

　GEONET は約 1300 点の GPS 観測点のネットワークです。これらの高性能アンテナの位置の変化を観測することによって、国土の変形は手にとるようにわかります。長期のゆっくりとした変動も、地震の瞬間の地域的な変動もミリメートル単位で検出できるのです。変動は 1 日ごとのデータとして、インターネットで公開されています。また、公開データと別に、アンテナの位置を 1 秒ごとに記録したデータもあり、これはじつは変位地震計と同じように使えます。ただし、感度はあまりよくないので、大地震でないと意味のあるデータはとれません。東北沖地震のときには、震源から日本列島へ何メートルもの大変形が時間とともに伝わっていく様子が、GEONET にはっきりと記録されました。

地殻変動を面的にとらえる技術

　GEONET は全国的に見るととても密な観測網ですが、地震について調べるためには、それでも観測点がまばらすぎることもあります。マグニチュード 7 くらいの地震だと、断層の大きさは約 50 km 未満です。GEONET の観測点間隔は約 20 km なので、断層の周りにはせいぜい 10 点くらいしかありません。この 10 点での観測からもさまざまなことがわかるのですが、現在では、よりたくさんの場所で面的に地殻変動を検出する技術が開発されています。それが**合成開口レーダー干渉法（InSAR）**です。

　InSAR にも衛星を用います。現在、地表の画像撮影や凸凹の計測といっ

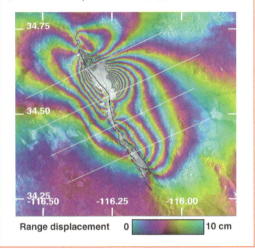

図 3.6 1999 年ヘクターマイン地震時に InSAR で求められた変形パターン（Peltzer *et al.*, 2001 より転載）

た目的で、さまざまな衛星が地球を周回しています。日本（宇宙航空研究開発機構）の陸域観測技術衛星「だいち 2 号」はマイクロ波を地表に向けて放出し、その反射波をとらえることで地面の凸凹を計測しています。計測は繰り返しおこなわれますが、もし地表に変形が生じると、その前後の計測結果に微妙な差が生まれます。その差から地表の動きを面的にとらえられるのです。地震の際には、**図 3.6** のように断層をはさんで幾重にも重なった変形パターンが検出されるため、地表地震断層が現れた場所は一目瞭然です。この縞 1 つ分がマイクロ波の波長に相当する変形量を表します。

　面的に連続的に地殻変動をとらえる InSAR と、時間的に連続的に地殻変動をとらえる GPS とを組み合わせると、地震の時間的、空間的な広がりを高精度に分析することができます。

その他の地殻変動観測

　地震計と同様に一地点での地面の変形を計測する機器に、ひずみ計や傾斜計があります。**ひずみ計**を用いると、たとえば、1 m の棒が 1 nm（＝ 10^{-9} m）縮むというような微小な変形を検知することができます。**傾斜計**も同様に、1 m の棒の先端が 1 nm 上下動する変形を計測可能です。実際に地球の岩盤は月や太陽の重力の影響を受けて伸び縮みを繰り返していて、これを潮汐変形といいます。その規模は、岩盤が 1000 万分の 1（1 m の岩盤が 0.1 μm ＝ 100 nm）変形する程度です。ひずみ計と傾斜計は一般的に GPS よりも高感度で、潮汐変形を測定することができます。当然、地震に伴う変動も記録され、地震を見るための貴重な情報源となっています。ただし計測機器が高価で取り扱いも難しいので、設置数は地震計や GPS に

くらべると限られ、データもあまり流通していません。

　さらに異なる種類の地殻変動量の計測機器として**重力計**があります。重力は地上ではほぼ１Ｇで均一ですが、場所ごとに小さなばらつきがあり、それを計測できるのが重力計です。きわめて高性能な重力計では、計器に人が近づいたことすら検出できます。地下での物質の移動を検出するには重力計が最も有効な測定手法となり、火山地域でのマグマの移動の検出といった場面で活躍しています。原理的には、地震の際の地殻変動によっても重力は変化します。またその情報は光の速度で伝わるので、地震波や地殻変動の弾性波速度とくらべてはるかに早く全空間に伝わります。もし地震発生と同時に重力の変化が観測でき、震源についての情報が得られるならば、緊急地震速報に役立つかもしれません。しかし残念ながら、地震による重力変化の検出と活用はまだ研究開発段階にとどまっています。

3.4 地震観測からわかること①——破壊開始点と地震の全体像

大森の公式から震源決定へ

　地震が起き、それを地震計で観測できたなら、まず求めるのはその震源（破壊開始点）の位置です。Ｐ波とＳ波の到達時刻の情報から、震源の座標（緯度、経度、深さ）と破壊開始の時刻という４つの量を推定することを震源決定と呼びます。この原理はそれほど難しくありません。

　中学校・高校の理科では、**大森の公式**を使って地震の震源を推定する、以下のような演習がしばしばおこなわれているようです。未知の震源と観測点の距離を R（km）とおくと、Ｐ波が到達してからＳ波が到達するまでの時間、つまり初期微動継続時間 T_{s-p}（秒）と R の間には

$$R = 8T_{s-p}$$

という関係がなりたちます。これが、明治時代に大森房吉が導いた大森の公式です。地下が均質で、Ｐ波速度が６km/s、Ｓ波速度が3.43 km/s の場合、ほぼこの式が導かれます。複数の観測点で T_{s-p} から R が推定できれば、地図上でコンパスを使ってそれぞれの観測点を中心とする半径 R の円を描けます。それらの交わるところを震源と推定するのです。この方法

は、浅い地震の場合にはけっこうよく使えます（**図 3.7**(a)）。

大森の公式がすぐれているのは、地震計の時刻がずれていても問題ないという点です。現在でこそ、地震計の時刻は GPS 信号を用いてマイクロ秒（100 万分の 1 秒）単位で正確に校正されていますが、異なる観測点の時刻をすべて正確にそろえるのは、かつては困難な作業でした。大森の公式を用いた震源決定では、絶対時刻ではなく、観測点ごとの $T_{\text{s-p}}$ を用いるので、この問題から逃れられます。現在でも、たとえば地下壕の中など GPS の信号が受信できないような状況では、$T_{\text{s-p}}$ を用いる手法は有効です。

絶対時刻がわかるのなら、P 波と S 波の到達時刻を直接説明するような震源の座標と地震発生時刻を決定することができます。さらに地下構造がわかっているのなら、P 波や S 波が地下の任意の点を出発して地上の観測点に到達するまで、どれくらい時間がかかるかを計算するのは簡単です。さまざまな観測点で得られた到達時刻のパターンを統一的に説明する座標と時刻の決定は、統計学的な問題として処理されます。気象庁では、常時観測している地震波の中から P 波と S 波を自動検出し、震源決定までおこ

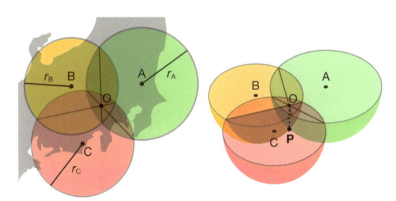

図 3.7 高校で学習する震源決定の原理の説明。大森の公式を用いるもの。

地下の構造が一様で、地震波速度が $V_p = 6$ km/s, $V_s = 3.4$ km/s くらいだとする。
A, B, C 各地点で観測された P 波と S 波の時刻、t_p（秒）、t_s（秒）を
大森の公式（$R = 8 \times (t_s - t_p)$ (km)）に代入すれば、各地点から震源までの距離 r_A, r_B, r_C が推定できる。
各地点を中心に、震源までの距離 r を半径にもつ球を描くと、震源位置で 3 つの球面が交わる。上の図では点 P が震源で、点 P を地表面に投影した点 O が震央である。

3.4　地震観測からわかること①——破壊開始点と地震の全体像

なう自動処理システムが稼働しています。緊急地震速報もそのようなシステムのひとつといえます。

断層の向きと地震波の振動

　震源の位置を決定したら、次は破壊すべりの様子を推定します。まずは、破壊すべりを起こした断層の向き、およびその上でのすべりの方向を考えましょう。このとき、有益な情報をもたらしてくれるのは観測される地震波の振動方向です。震源から出るP波とS波の振動方向はランダムでなく、震源での破壊すべりの起こり方と密接にかかわります。また、3.1節で述べたとおり、P波とS波の振動方向と伝わる方向には決まった関係があります。したがって、さまざまな場所で観測される地震波の振動方向を調べることで、震源での断層の向きとすべりの方向を明らかにできるのです。

　P波は膨張あるいは収縮として伝わります（図3.8右）。膨張の場合、地表の観測点では、下から上へ突き上げるような動きが観測されます。この動きを「押し」としましょう。収縮が伝わる場合はその逆なので「引き」です。前章で、断層の運動が周囲にどのような動きを引き起こすか示しました。断層をはさんで、岩石はすべりの方向に押しだされるように動くので、この方向に伝わる地震波は最初に「押し」として観測されます（初動が押しであるという）。その一方で、収縮が伝わる方向もあり、その先では「引き」が観測されます。断層面の延長、およびすべり方向に直交する面内では、P波は「押し」でも「引き」でもなく振幅0です。小さな地震でも、初動の押し引きのパターンを見ることで、地下の断層面の向きとすべりの方向を推定することができます。これを初めて実証したのが、1930年代の志田順の研究（図1.6）でした。

　2.6節で説明したように、破壊すべりは（軸と力からなる）モーメントで表されます。S波の振動は、断層運動に伴うこのモーメントの方向を反映した振動をします。モーメントが1つの場合には、力の示す回転方向の動きが生じ、図3.8左上のような回転パターンを生みだします。S波振幅の大きさは「軸」の方向で最大、「力」の方向で0です。破壊すべりは、2つの打ち消しあう回転方向のモーメントを、力の方向が直交するように重ね合わせたものです。2つの回転パターンを重ねると、S波振幅の大きさは2つの軸の方向（力の方向でもある）で最大となり、2つの軸の中間の

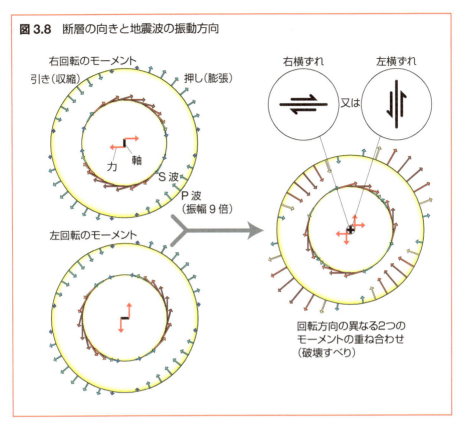

図3.8 断層の向きと地震波の振動方向

方向で0となります。これがS波の伝わる方向と大きさです。S波の振幅が0となる方向では、P波がS波より大きいことになります。ほとんどの場合、S波はP波より大きい（図3.8もP波の振幅を拡大してあることに注意）ので、これはあくまで例外ですが。

P波は地震波の最初のひと揺れなので、どちらに揺れたかわかりやすいのですが、S波の場合、複雑な地下構造によって生まれるさまざまな反射波や屈折波と前後して届くので、振動方向を判定することは簡単ではありません。とはいえ、S波の揺れがどの方向で大きくなるかは防災上重要です。結論をいえば、これは断層面内のすべりの方向と、断層面に直交する方向の2つです。もしあらかじめ断層の向きとすべりの方向がわかるのなら、この2つの方向に注意するとよいでしょう。もっともそれだけが重要というわけではありません。もう少し細かい話は第8章で説明します。

地震モーメント推定

さまざまな周波数の波を観測できる広帯域地震計で、遠方で起きた地震によるＰ波やＳ波の変位を観測すると、最初に押しまたは引きの動きをした後に、しばらくしてほぼもとの状態に戻る様子が見られます（**図 3.9**）。一地点で計測される地震の揺れはこのように一過性のもので、震源からある程度離れると、地震に伴う永久変形はほとんど無視できます。Ｓ波もＰ波と同様に一定方向に揺れた後にもとに戻りますが、前述のようにＳ波だけを取り出して観測するのが難しく、Ｐ波ほど一過性は明瞭でありません。

震源から伝わるＰ波の揺れ（変位）の性質は、弾性体理論に従って数式で記述することができます。Ｐ波の変位は、震源で生じる破壊すべり、もしくはそれに対応する２つのモーメント（地震モーメント）の時間的な増加速度（モーメントレート）に比例します。震源での破壊すべりは時間とともに大きくなるので、地震モーメントも時間とともに大きくなります。その時間微分であるモーメントレートが、直接観測される変位と比例するのです。震源で破壊すべりが続いている間はＰ波の変位も有限ですが、破壊すべりが完了すると、その情報はＰ波の変位が０という情報として観測

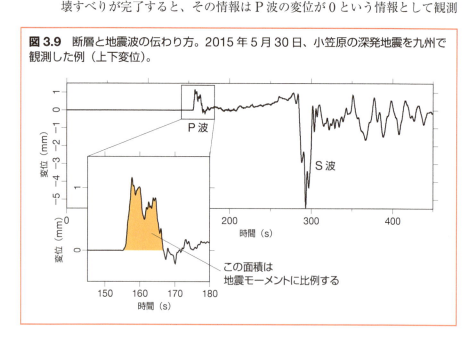

図 3.9 断層と地震波の伝わり方。2015 年 5 月 30 日、小笠原の深発地震を九州で観測した例（上下変位）。

点に伝わります。P波が到着してから変位が0になるまで、観測点において変位を時間積分すると、地震の大きさを表す最も基本的な量のひとつ、地震モーメントの総量を計算することができます。実際にほぼこのような原理を用いて、観測地震波から地震モーメントが推定されています。

　ここまで、地震モーメントは断層のすべり量を断層面にわたって積分すると得られる、という説明をしてきました。しかし、実際に観測地震波から地震モーメントを推定する際には、断層のすべり量を正確に求めるより、このようにP波の変位記録を積分するほうが簡単です。

3.5 地震観測からわかること②——詳細な破壊過程

断層すべりモデル

　震源の近くでたくさんの地殻変動観測データが得られるなら、地下で進行した破壊すべりの結果、最終的に断層のどこがどれくらいずれたのかを推定できます。弾性体理論は、地下の任意の大きさの断層に任意の大きさのすべりがあったときの、地表の変形（変位、ひずみ、傾斜）を与えてくれます。したがって、逆算するようにして、すべての観測データを説明するような断層やすべり量の分布を計算できるのです。このような、観測データから未知の量を推定する手法を**インバージョン**といいます。インバージョンは、科学のさまざまな分野で用いられる普遍的な手法です。3.4節で述べた震源決定も、単純なインバージョンの一例です。

　近年では得られるデータの量も膨大になってきており、たとえばInSARの面的なデータからは詳細なすべり分布がわかります。こうして推定した断層面上のすべり分布から地震モーメントを計算することができれば、さらに正確な地震の大きさがわかります。ただし、データには誤差が含まれますし、地下の構造がわかっていないと変形は正確に計算できません。したがって、計算された地震モーメントやその他の情報にも、誤差がつきものです。インバージョンではその不確実性を適切に見積もる必要があります。

すべりの時間発展

　地殻変動データから最終的な破壊すべりの量がわかりますが、地震波をより細かく分析すると、図2.7で示したような、破壊すべりが破壊開始点から断層面上を広がっていく様子を解明することができます。このようなことができるのは、弾性体理論によって震源での破壊すべり（に対応する地震モーメント）と観測される地震の変位が結びつけられているからです。当たり前ですが、地球内部のある位置で起きた破壊すべりと、別の位置で起きた破壊すべりとでは、観測される地震波は異なります。地下構造がわかっていれば、任意の位置、時刻に起きた破壊すべりについて、さまざまな地震観測点で観測されるはずの地震波を計算することができます。

　地震の際に、さまざまな場所で観測された地震波から、パズルを解くように、その原因となった破壊すべりの時間的・空間的広がりを推定することができます。この推定は、観測データが多ければ多いほど詳細になります。また、地球内部にどのような物質があって、地震波がどのように反射・屈折されるかがわかるほど、推定の正確さが向上します。パズルというたとえを使いましたが、これもインバージョンの一種です。震源での破壊すべりの様子を求めるインバージョン法を、**すべりインバージョン**と呼びます。図2.7はそのようなすべりインバージョンの結果なのです。

column 2　地震波観測で地球内部を視る

　地震について調べるための前提は、地球の中に何があるかわかっていることです。内部構造がわからないと震源の場所すらわかりません。では、人類は地球内部をどれだけ知っているのでしょうか。

　科学技術がすばらしい進歩を遂げ、望遠鏡で宇宙の果てまで観測できるようになった現在でも、地球の中を見ることはきわめて難しいままです。人類が穴を掘って直接観察できるのは、せいぜい地下10 kmまでです。地球半径がおよそ6400 kmですから、そのたった0.2％にすぎません。そこで、地球の中に何があるのかを調べるのにいちばん役立つのは、震源から届く地震波を使う方法です。地震を知るために

内部構造が、内部構造を知るために地震がわからないといけないのです。ニワトリと卵のような話になってしまいました。

地震波は、地球内部で通過した物質の情報を含んで観測点に届きます。そこで、本章で説明したのと似た地震波のインバージョン解析によって、地球の内部構造を推定することもできます。このインバージョン解析をトモグラフィーと呼びます。トモグラフィーは、一般社会では聞きなれない言葉だと思いますが、じつは身近なところにも使われています。病院で受けられる検査のひとつ、CT スキャン（断層撮影）です（CT の C は計算、T はトモグラフィーの略）。CT スキャンでは X 線を透過したときの強さの変化から体内の物質の分布を推定します。同様に、地震波による地球内のトモグラフィーも可能なのです。

残念ながら、地震波によるトモグラフィーでは医療 CT スキャンほど鮮明な画像を得られません。地震波は X 線にくらべていくつものハンデを負っているからです。まず、X 線が体の外のどこからでも照射できるのに対して、地震波は地球内部の震源から放射され、しかもその震源の位置も必ずしも正確にはわかりません。また、X 線はほぼ直進しますが、地震波は反射・屈折を複雑に繰り返し、地球内部を曲線的に伝わります。そして、地震計が置いてある場所は限られます。とくに海の観測が少ないのは大きなハンデです。

それでも、過去からのデータの蓄積と解析手法の工夫によって、地球の内部構造は次第に明らかになってきています。マントルやコアという層状の大構造はもちろん、マントルの内部の不均質も明瞭になってきました。たとえば、太平洋とアフリカの下の地震波速度が他地域にくらべて遅いことは、ほぼ確実にわかってきたことのひとつです。このような地震波速度の違いは、マントル内部の対流運動の結果として生じると考えられます。災害の原因としての地震の研究とは違いますが、地震を用いて地球内部を調べ、地球内部の運動やその進化の歴史を解明することも、地球科学の基礎研究分野のひとつです。

第4章 地震の原動力

　地震の震源は地下の断層における破壊すべりです。破壊すべりによって、地下にたまった弾性エネルギーが解放されます。エネルギーが十分にたまっていなければ、小さな地震しか発生しません。巨大地震が起こるのは、広い地域に巨大なエネルギーが蓄積された場合に限られます。巨大地震につながるほどのエネルギーの蓄積には数百年から数万年もかかります。この章では、そのエネルギー蓄積にかかわるメカニズム、おもにプレートテクトニクスと地震の関係について、世界のさまざまな地域を対象に考えます。

4.1 プレートの運動と地震の場所

地震のエネルギーの根源

　地球内部は地殻・マントル・コア（核）という層構造をもっています（**図4.1**）。そのうちで地震と直接関係があるのは、地殻とマントル最上部にかけて広がる**リソスフェア**（岩石層）です。この層はほぼ弾性体とみなすことができ、それより深い部分と力学的に区別されます。リソスフェアの厚さはだいたい数十〜200 kmで、場所によってかなりばらつきがあると考えられています。

　リソスフェアは地球全体で数十個の部分に分割することができ、その分割したひとつひとつを**プレート**と呼びます。地震のエネルギーは、プレートが弾性的に変形することでたまります。これらのプレートの運動によって地震、火山の噴火、地形の形成過程を説明する理論が、プレートテクトニクスです。

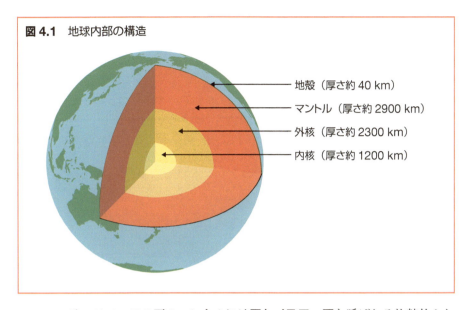

図 4.1 地球内部の構造

　リソスフェアの下のマントルには**アセノスフェア**と呼ばれる比較的やわらかい（といっても固体です）層があり、そこでは大きな弾性エネルギーをためることができません。プレートはアセノスフェアの上を漂うように動きます。プレートの運動はさらに、地球深部のマントルの対流運動とも影響しあっています。それらの運動を駆動しているのは地球内部と宇宙空間の温度差です。地球は46億年前に火の玉のような状態でできあがって以来、一貫して熱エネルギーを宇宙空間へ放出し、冷え続けています。大規模なマントルの対流運動が、この冷却を促進しているのです。対流によってプレートが動き、その結果として地震が起きるのですから、突き詰めれば、初期地球にあった熱エネルギーこそが地震のエネルギー源です。

世界のプレート

　地球の表面は、パズルのピースのようなプレートで覆い尽くされています（**図 4.2**）。ひと口にプレートといっても、太平洋プレート、ユーラシアプレート、アフリカプレート、南北アメリカプレートなどの大プレートから、名前も確定していない小さなプレートまで、大きさはさまざまです。プレートの厳密な定義や分割ルールは定まっていないので、研究者によってプレートの分け方や命名法は必ずしも一致しません。リソスフェア全体

図 4.2 世界のプレート（Bird, 2003）

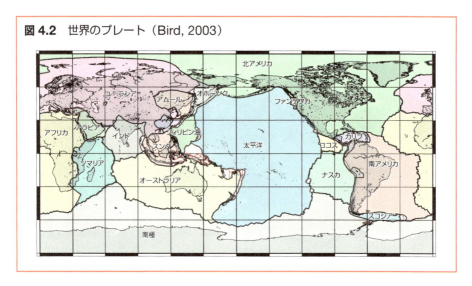

が大きく変形してしまい、弾性体としてプレートを定義できないような場所もあります。

　2つのプレートの境界は地形、とくに海底の地形とよく対応しています。今では、インターネットなどを使えば、だれでも簡単に海底地形の地図を見ることができます。**図 4.3** の海底地形図を見ると、太平洋東部や大西洋の中央にほぼ南北に連なる縫い目のような線があることに気づくでしょう。

図 4.3 海底地形

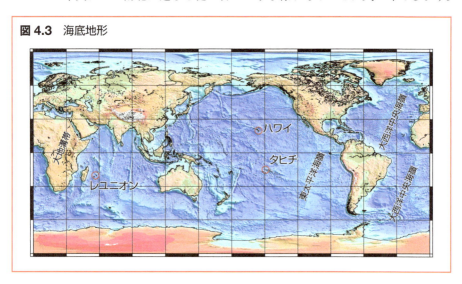

これは**海嶺**、すなわち新しいプレートを生む火山の列です。一方、場所によっては深さ1万メートルにもなる海底の谷があります。この**海溝**は、そこからプレートがマントルの中へ戻っていく、プレートの沈み口です。また、2つのプレートがすれ違う境界もあります。プレートはこれらの境界で互いに遠ざかったり、近づいたり、すれ違ったりしているのです。

プレートは大陸プレートと海洋プレートに分けられ、それらの性質は大きく異なります。海洋プレートが海嶺で生まれて海溝から地球内部に戻っていくのに対して、大陸プレートは地表にとどまり続けます。おもに花崗岩などからなる大陸プレートは、玄武岩などからなる海洋プレートより密度が小さく沈みにくいのです。したがって、海洋プレートは最も古い場所でも形成されてから2億年程度なのに対して、大陸プレートにはほとんど地球の年齢と変わらないほど古い部分もあります。大陸プレートがどのようにつくられてきたかは、地球進化における大きな謎です。

プレート境界と地震

プレートが相対運動すると、プレート境界とその周辺に変形が集中します。変形するということは、そこに弾性エネルギーがたまるということです。このたまったエネルギーが瞬間的に解放されるときに地震が起こるので、世界の地震の震源分布はプレート境界の分布と非常によく一致します（**図4.4**）。ただし、プレート境界のタイプによって震源分布の特徴には違いがあります。プレートが生まれ遠ざかる海嶺や、すれ違う境界では、震源が細い線のように分布するのに対して、海溝の周辺ではややばらつくのです。日本の周辺でも、ばらついた地震活動がみられます。これらのプレート境界の地震については次節で詳細に説明しますが、その前に、プレート境界だけで地震が起こるわけでもないことを確認しましょう。

プレート境界から遠い場所、プレートの真ん中では地震があまり起こりませんが、まったくないわけではありません。たとえば太平洋プレートの真ん中、ハワイ周辺では多くの地震が起こります。これは、ハワイ諸島をつくりだしている火山活動に関連する地震です。この火山活動は、地球内部のマントル対流がつくりだすマグマの上昇によるものです。このような場所を**ホットスポット**といいます。同様のホットスポットによる火山活動はタヒチやレユニオン島のような海洋島を生み、イエローストーンのよう

図 4.4　1989 年から 1998 年の M4 以上の地震の分布。国際地震センター（ISC）による。色は深さを表す。

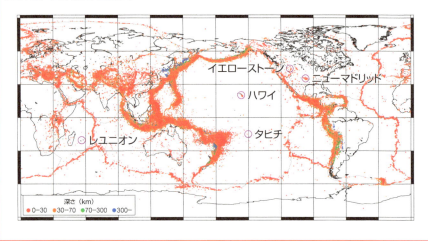

　な陸地の火山をつくりました。これらの火山の周辺では、火山活動に直接または間接的にかかわる地震が起こります。

　地震がよく起こるにもかかわらず、その理由を簡単には説明できない場所もあります。たとえば、北アメリカ大陸の中央付近、テネシー州とミズーリ州の接するあたりでは 1811〜12 年に、M7 を超える大地震が少なくとも 3 回以上発生しました。ニューマドリッド地震と呼ばれています。アメリカの東部には地震が少ないと考えられていますが、ゼロではないことを示すひとつの例です。この地域で地震が多い理由はうまく説明できていません。ヨーロッパにおいても、イギリスやフランスでは大きな地震はめったに起こりませんが、まったく起こらないわけではありません。地震が絶対に起こらない地域を探すことは、ほとんど不可能です。

4.2　プレート境界の種類と地震の起こり方

海嶺と正断層地震

　海嶺はそもそも海の中にあり、また日本の近くにはないので、我々にとっ

てなじみ深い存在とはいえません。しかし海嶺周辺の研究は、プレートテクトニクスの成立に大きな役割を果たしました。とくに重要なのは、1950年代に海嶺付近の海底調査によって発見された**地磁気縞模様**です。海底の岩石は弱い磁気をもち、その方向は現在の地磁気の方向と同じものと、反対のものが交互に縞状になっているのです（**図4.5**）。岩石の磁気は、マグマが冷却され岩石ができたときに記録されます。反対のものもあるのは、過去に地球の磁場がランダムに反転を繰り返してきたからです。地磁気反転の歴史はわかっているので、縞模様によって、その海底がつくられてからの時間、つまりプレートのその部分の年齢がわかります。プレートの年齢は海嶺をはさんで対称的に、海嶺からの距離にほぼ比例して古くなっていることがわかりました。海底は海嶺で生まれ、ゆっくりと海嶺の両側に広がっているのです。

　海嶺では、火山活動と両側に広がるプレート運動によって地震が発生します。海嶺で起きる地震の特徴は、小さい、浅い、正断層の3つです。海嶺でも大きな地震は起こりますが、せいぜい$M6.5$どまりです。その理由は、震源が浅いことと関連しています。海嶺の中心、中央海嶺では活発なマグマ活動のために、地下の温度が高くなっています。また、高温の岩石は力をかけると変形し、力を抜いてももとに戻りません。つまり弾性体と

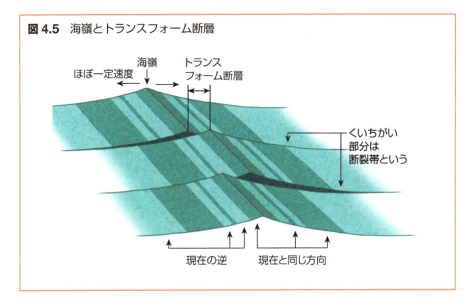

図4.5 海嶺とトランスフォーム断層

はみなせません。そのため、弾性エネルギーをためられる岩盤の厚みは海嶺周辺ではせいぜい数キロメートルで、そのエネルギーは浅い小さな地震で解放されるのです。

　正断層というのは、断層をはさんだ２つのブロックの運動のパターンの一種です。この運動パターンには正断層のほかに、逆断層と横ずれ断層があります（**図4.6**）。**正断層**は、２つのブロックが互いに遠ざかるときに多く見られる運動です。**逆断層**は２つのブロックが近づくとき、**横ずれ断層**はブロックがすれ違うときの運動です。海嶺では正断層地震が起こります。海嶺で生まれたばかりの温かく軽いプレートが次第に冷却され重くなる過程で、鉛直方向に水平方向より強い圧力がかかり、正断層の運動を引き起こすのです。

　海嶺同様に正断層の地震がよく見られる場所として、**地溝帯**があります。もともと１つのプレートが、互いに遠ざかる２つのプレートに分裂しようとしている場所です。アフリカ東部の大地溝帯が有名ですが、日本の九州にも別府島原地溝帯と呼ばれる場所があります。名前のとおり別府と島原を結ぶこの地溝帯をプレート境界と考える研究者も少なくありません。2016

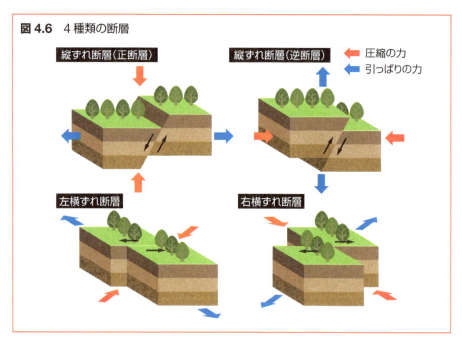

図4.6　4種類の断層

年の熊本地震はこの地溝帯で発生したものです。熊本地震の本震の断層はほぼ横ずれ断層でしたが、余震の中には正断層の地震も多く見られました。

海嶺系をつくる横ずれ断層

海底地形図（図4.3）を見ると、海嶺はかなり直線的な区間もあるものの、大部分でガタガタしていることがわかります。このようなガタガタした形は、広がる海嶺とそれらをつなぐ横ずれ断層によってつくられています。海嶺をつなぐ横ずれ断層は**トランスフォーム断層**と呼ばれます。トランスフォーム断層という名称を直訳すれば、「変換」断層となります。こ

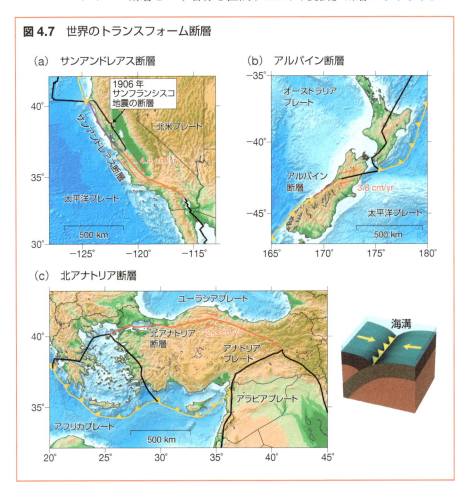

図4.7　世界のトランスフォーム断層

んな奇妙な名前がつけられたのは、トランスフォーム断層が海嶺どうしだけでなく、海嶺と海溝をつなぐことがあるからです。プレート境界を海嶺から海溝に「変換」するという意味で、プレートテクトニクスの研究者によって命名されました。

トランスフォーム断層の多くは海嶺のそばにある小さな横ずれ断層ですが、全長が 1000 km を超える大きなものもあります。アメリカ・カリフォルニアのサンアンドレアス断層、ニュージーランドのアルパイン断層、トルコの北アナトリア断層などは有名なトランスフォーム断層です（**図 4.7**）。2 つのプレートがすれ違う境界であるトランスフォーム断層では、当然、横ずれ断層の地震が多く起こります。トランスフォーム断層の地震にはさらに、浅い、長いという特徴があります。海嶺付近にある短いトランスフォーム断層で起こる地震は、前述の海嶺の地震より多少深い程度で、これらの深さに大きな違いはありません。サンアンドレアス断層などの巨大断層でも、破壊すべりが起こる場所の深さは 20 km 以下です。そのわりに、トランスフォーム断層ではときに $M8$ を超える、かなり大きな地震も起こります。これは、地震の破壊すべりが水平方向に長く広がるからです。地震の破壊すべりには、すべる方向に広がりやすいという特徴があります。トランスフォーム断層の横ずれは横方向に長く広がるのです。深さ方向が 20 km なのに水平方向に 500 km も広がった、1906 年のサンフランシスコ地震（約 $M8$）が典型的な例です（図 4.7(a)）。

沈み込み帯のさまざまな地震

最も多様な地震が起こる場所は、沈み込み帯です。前述のとおり、海嶺で生まれたプレートは海溝から別のプレートの下にもぐりこみ、地下のマントルへ戻っていきます。このもぐりこみが起こる場所一帯を**沈み込み帯**といいます。ただし、ひと口に沈み込み帯といっても、ひとくくりにできない多様性があります。

多くの沈み込み帯では、密度の大きい（重い）海洋プレートが軽い大陸プレートの下に沈み込んでいますが、海洋プレートどうしが衝突し、一方がもう一方の下にもぐることもあります。たとえば、伊豆・小笠原からマリアナ海溝にかけての沈み込み帯がそうです。沈み込むプレートもいろいろです。日本周辺やマリアナ海溝では、約 2 億年のあいだ海底を移動して

きて冷やされたプレートが沈み込んでいます。一方、チリ南部で沈み込んでいるプレートは海嶺で生まれたばかりで高温です。また、同じ2枚のプレートどうしにもかかわらず、場所によって沈み込む・沈み込まれるの関係が逆転することもあります。たとえば、ニュージーランド（図4.7(b)）や台湾の南北ではそのような逆転がみられます。沈み込んでいるプレートの形も場所によっていろいろです。このような沈み込み帯の多様性が、そこで起きる地震や火山活動にも地域ごとの大きな違いをもたらします。

　沈み込み帯の地震の特徴は巨大、深い、逆断層です。沈み込み帯ではしばしばM9を超える地震が起こります。過去に観測された世界の超巨大地震のうち、トップ5はすべて沈み込み帯の地震です。超巨大地震は、広い領域にたまった大量の弾性エネルギーがいっきに解放されたときに起こります。沈み込み帯では、海底にある冷たいプレートが熱い地球内部へ沈み込んでいます。冷たいプレートは、周辺の物質の温度を下げるので、境界周辺に弾性エネルギーがたまりやすくなります。そのため、沈み込み帯ではより広い領域に弾性エネルギーがたまるのです。

　ほとんどの超巨大地震は、引きずり込まれた上側のプレートが反発して起きる逆断層（図4.6）の地震です。ただし、このような超巨大地震といえども、破壊すべりの広がる範囲は深さ100 kmを超えません。しかし沈み込み帯では、深さ700 kmまで地震が起こります。これらの地震は、沈み込むプレートが変形する際に、内部にたまった弾性エネルギーによって自ら破壊することで起こります。沈み込み帯で地震が起こる限界の深さ（700 km）が、マントルにおける岩石の主要な構造変化が起きる深さ（670 km）とほぼ一致しているのは、偶然ではありません。この深さを境にプレートの沈み込み方が大きく変わることを示唆しているのです。

4.3　日本を取り囲むプレートとさまざまな地震

日本はどのプレートの上にあるのか

　日本列島の東には太平洋プレートがあり、南にはフィリピン海プレートがあり、それぞれ日本列島の下に沈み込んでいます（**図4.8**）。それでは日

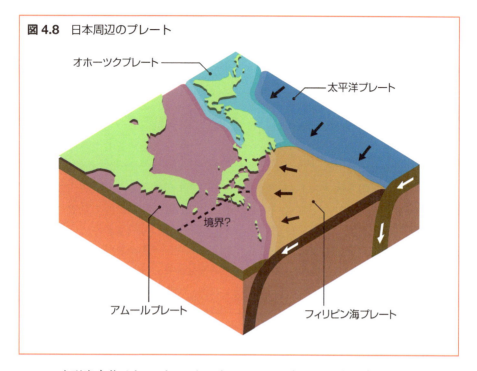

図 4.8　日本周辺のプレート

本列島自体はどのプレートにあるのでしょうか。日本の高校までの地学教育では、東日本が北アメリカプレート、西日本がユーラシアプレートというのを正解としています。しかしこの考え方はいささか古く、現在の地球科学界では、東日本はオホーツクプレート、西日本はアムールプレートの上にあるとする考え方が支配的です。それぞれかつては北アメリカ、ユーラシアプレートの一部とみなされていました。しかし、現代の精密観測で、オホーツクプレートもアムールプレートもそれらの大プレートに対して一定の運動をしていることが明らかになってきたのです。前述のように、九州にプレート境界があるという説も有力視されています。精密観測の結果から、九州南部が日本列島のほかの部分に対して一定速度で遠ざかっていることも明らかになっているからです。この場合、九州から沖縄までは琉球プレート上にあると考えます。

　日本の陸地のほとんどがオホーツク、アムール、琉球プレートの上にありますが、伊豆半島、伊豆・小笠原諸島、南大東島などはフィリピン海プレート上にあります。唯一の太平洋プレート上の陸地が南鳥島で、尖閣諸

島はまた別のプレート（ユーラシアまたは揚子江プレート）の一部です。日本の陸地は 6 個のプレート上に分布していることになります。日本周辺で起こる地震の原動力は、これらのプレートの相対的な運動です。

東北日本の典型的な島弧沈み込み

　東北日本は世界で最もよく研究されている沈み込み帯です（**図 4.9**）。和達清夫が 1930 年代に、深さ 600 km にもなる深発地震の存在を世界で初めて指摘したのも、この地域の研究成果です。今では世界中で深発地震の発生領域を**和達・ベニオフゾーン**と呼びますが、そのオリジナルはここなのです。現在でも、東北大学の研究グループを中心に、さまざまな世界最先端の地震研究がおこなわれています。たとえば 1970 年代に長谷川昭によって、この地域の深発地震は、途中まで上面、下面の 2 層に分かれているという事実が発見されました。この**二重深発地震面**はその後、世界各地でも発見されています。

　東北から北海道までの日本海溝沿いは超巨大地震の発生地域です。2011 年の東北沖巨大地震は典型的なプレート境界の逆断層地震でした。それ以外にも北海道・東北周辺のプレート境界では、昔から $M8$ を超えるような巨大地震が多数発生しています。これらの直接の原因は、プレートの相対運動によっておもに上盤プレートにたまった弾性エネルギーの解放です。

　沈み込まれる側、つまり上盤プレートにたまった弾性エネルギーは、陸地に古くからある大小の断層の破壊すべりによって解放されることもあります。何度も破壊すべりを繰り返し、将来も繰り返す可能性の高い断層を**活断層**と呼びます。個々の断層が活断層かどうかの判断は非常に難しいのですが、プレート境界領域にはいくつも活断層があると考えて間違いありません。東北地方には南北に延びる逆断層の活断層があり、東北沖巨大地震の前後にたびたび地震を起こしていました。内陸活断層の地震は人間の生活地域に近いため、$M6$ 程度でも危険です。

　一方で沈み込む側のプレートも、それまで平面だったものがぐにゃりと曲がって沈み込むのですから、内部に多くの弾性エネルギーをためます。その一部はプレート境界の巨大地震で解放されますが、プレート自体の破壊によって解放されることも多く、そのような場合、$M8$ 級の大地震となることもあります。海溝で沈み込む直前にプレートが大きく変形する場所は、

図 4.9 東北日本の沈み込み帯と地震発生帯。下図は上図の線で囲った範囲の断面図。

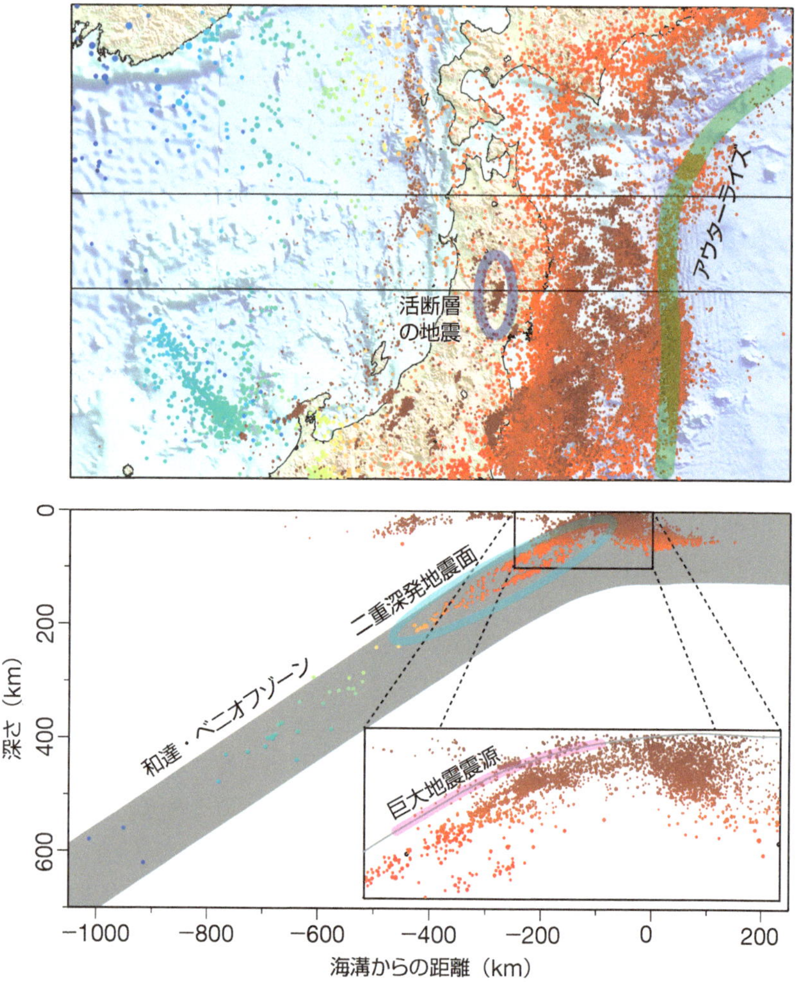

小さな高まりとなり、とくに**アウターライズ**と呼ばれます。このアウターライズでは、しばしば浅い正断層地震が起こります（**図 4.10**）。1933 年の昭和三陸地震はその典型で、巨大な津波を発生させ甚大な震災を引き起こしました。沈み込んだプレートの二重深発地震面周辺の地震も、プレート自体の破壊によるものです。やや深い地震でも被害が出ることがあります。

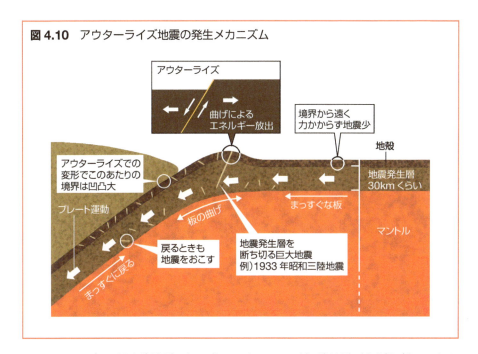

図4.10 アウターライズ地震の発生メカニズム

　1993年の釧路沖地震は深さ約100 kmで二重深発地震面を断ち割るような地震で、震源直上の釧路市で建物の倒壊や液状化などの被害が出ました。
　このように、東北沖では東北沖巨大地震のようなプレート境界の地震、その下の二重深発地震面、アウターライズの地震、内陸活断層の地震と、タイプの異なる地震が発生しているのです。

西南日本の沈み込みと地震

　西日本の地震の起こり方は東日本とはやや異なります。西日本の下に、南海トラフ（海溝）からもぐりこむフィリピン海プレートに注目してみましょう。このプレートは若く、その年齢は東北地方の下のプレートの10分の1くらいです。したがって比較的高温で軽く、沈み込みにくいプレートです。古文書によれば、南海トラフの巨大地震は7世紀から100〜200年間隔で繰り返してきたようです。最近の1707年宝永地震、1854年安政東海地震、南海地震、1944年東南海地震、1946年南海地震については、だいたいの発生場所がわかっています。将来この地域で同じような規模の地震が起こるのは、まず間違いないと考えられています（P.163参照）。

しかし奇妙なことに、東北沖で日常的に発生しているプレート境界の地震は、西日本ではほとんど発生していません。また、東日本より西日本のほうが地震の数が少ないというのは、多くの人が実感しているところです。その一方で、1995年の阪神淡路大震災の例に限らず、近畿地方で重大な震災が過去に何度も発生していることは歴史上明らかです。これらの地震は内陸の活断層で起こりました。ただし、西日本の活断層は東日本と違って多くが横ずれであることから、南海トラフからのプレートの沈み込みだけが原因とは考えられません。

沈み込むフィリピン海プレートは複雑な形状をしていて、紀伊半島と四国の間で2つに割れているように見えます。また、過去の巨大地震の震源の周りでは近年「ゆっくり地震」が観察され、地震研究に新しい展開をもたらしています。ゆっくり地震については、第6章でもう少し詳しく説明します。このように、西日本での地震の起こり方とその原動力についてはまだわからないことが多く、いっそうの研究が必要です。

4.4 プレート運動以外の地震の原動力

火山と地震の関係

火山が地震の原因であるという説は、昔から提唱されていました。しかし、火山は高温のマグマのそばにあるため、火山周辺の岩盤は弾性エネルギーをためにくい状態にあります。したがって火山地域では、周囲にくらべて地震の起こる深さが浅くなっています。4.2節で説明した海嶺で起きる地震と同様です。たとえば、多くの火山が南北方向に列をなしている東北地方では、発生する地震の深さは、それぞれの火山の周辺で浅くなっています（**図 4.11**）。地下の構造を調べる地震波トモグラフィー（第3章コラム参照）によって、火山の下には周囲より地震波速度が遅い、つまり比較的柔らかい岩石があることも確認できます。深さ方向に広い範囲でエネルギーをためられないので、火山が巨大地震の震源になることは困難です。

巨大地震はなくても、火山周辺ではその周囲の地域より地震が発生しやすくなることはあります。火山の地下のマグマが動くことで、岩盤に弾性

図 4.11 火山周辺の地震と地下構造（S 波速度，Matsubara & Obara, 2011）

(a) 地下構造（▲は活火山）

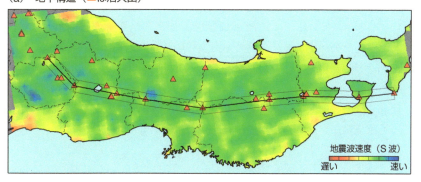

(b) 地震の分布（黒：ふつうの地震、赤：火山性低周波地震）

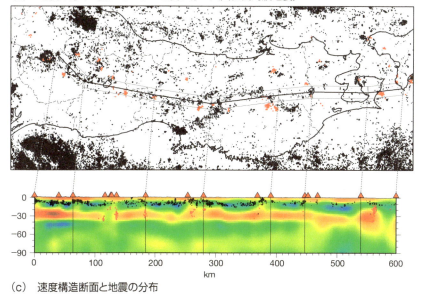

(c) 速度構造断面と地震の分布

エネルギーがたまるからです。また火山には、マグマ以外にも水やガスなどが豊富に存在します。これらの流体が岩盤の中の小さな割れ目やすき間に浸透していくと、地震が発生しやすくなります。したがって、火山近傍は地震発生の可能性を高める条件が整っている地域なのです。地震の規模も $M7$ くらいになることはあり、震災を引き起こします。たとえば大正時

代に桜島が噴火した際には、$M7.1$ の桜島地震が発生し、かなりの被害をもたらしました。

また、火山の周辺では、ふつうの地震と異なる地震動が観測されます。よく知られているのは、**火山性微動**といわれる長期間続く地面の揺れです。火山性微動は地下のマグマの急激な移動に伴う震動で、とくに火山の噴火が近づくと観測されやすくなります。多くの場合、その後の噴火につながるので、火山性微動のデータは噴火予知のために重要です。高性能の地震計では、噴火に伴うゆっくりした地震動を検出することもできます。これらの地震記録から、噴火時のマグマの動きの分析が可能です。

火山性低周波地震は何を表すのか

火山性微動ほど有名ではありませんが、火山周辺で観測されるふつうの地震と異なる地震として**火山性低周波地震**があります。この地震が発生する深さは通常の地震（だいたい 20 km くらいまで）より深く、地殻とマントルの境界である**モホ面**近傍です（図 4.11）。やはり火山のマグマや流体の活動と関係していると考えられていますが、そのメカニズムはまだ完全には理解されていません。

この火山性低周波地震によく似た地震が、現在活発な火山がない場所でも起きることが知られています。たとえば大阪湾や鳥取・島根県境などのモホ面近傍です。これらの地域に現在活動している火山はないものの、活発な低周波地震活動が観測されています。これは、地下で火山と類似のマグマや水、ガスなどの運動が生じていることを示唆する事実です。くわえて地震波の分析から、これらの地震は単純な断層運動では説明できないことがわかりました。

準火山性低周波地震（Aso *et al.*, 2013）と呼ばれるこれらの地震の大きさはせいぜい $M2$ で、震災とは無縁ですが、しばしばその周辺で大きな地震が起こります。2000 年鳥取県西部地震、2004 年新潟県中越地震などが典型例ですが、1995 年の兵庫県南部地震を加えることもできます。これらの地震のエネルギーがどのようにたまったのか、正確にはわかっていません。地下のモホ面近傍では、私たちが把握しきれない地下の物質の動きがあるようです。この運動は、内陸の地震の原動力のひとつになっている可能性があります。火山性低周波地震や準火山性低周波地震として観測され

るのは、おそらく地下物質の運動の氷山の一角でしょう。内陸の地震はその規模のわりに大きな震災を引き起こす傾向があるので、今後これらの低周波地震に関連した地下物質の運動の理解を進める必要があります。

潮汐は地震を引き起こすか

　長期のプレート運動や火山活動とは少々違った形で地震との関係が疑われている現象があります。それは**潮汐**です。海岸でみられる潮の満ち引きが身近な例ですが、これは海洋潮汐と呼ばれるもので、海水が月や太陽の引力によって動くために起こります。一方で地面、つまり固体地球は弾性体なので、やはり月や太陽の引力の向きが変化すると変形します。これを固体地球潮汐と呼びます。海洋潮汐、固体地球潮汐とも地球内部に変形と力を生みだすので、地震を引き起こす可能性があります。とはいえ、潮汐は周期的なので、長期の弾性エネルギーの蓄積には貢献しません。潮汐が地震にかかわるとすれば、ある程度弾性エネルギーが蓄積した時点で最後のひと押しをする、つまり地震のトリガーになると考えられています（**図 4.12**）。

　潮汐と地震の関係についても古くから研究されています。19世紀にはすでに、両者の関係性を指摘する報告がなされていました。ただし、当時の

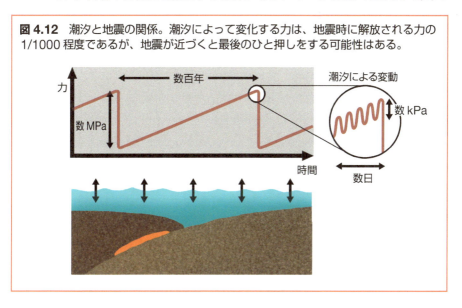

図4.12　潮汐と地震の関係。潮汐によって変化する力は、地震時に解放される力の1/1000程度であるが、地震が近づくと最後のひと押しをする可能性はある。

地震の観測事例は少なく、統計的有意性を証明するのは困難でした。2つの現象の間に関係があるかどうかを調べるには、多数の事例を統計的に検討する必要があるのです。その後の観測技術の進化により、多数の中小規模の地震の観測が可能となり、厳密な統計検定がおこなわれるようになりました。その結果、一般的には潮汐と地震の関連性は低いとみられています。潮汐が引き起こす力の変化は、地震のときの変化の1000分の1程度にすぎませんから、この結論は妥当でしょう。ただし、特定の地域や大地震の前の短い期間には、潮汐と地震の関連性が高いことも示されています。

さらに、21世紀になって発見されたゆっくり地震（詳しくは第6、7章を参照）は、地震と潮汐の関係を見直すきっかけになりました。ゆっくり地震は潮汐にきわめて敏感なのです。ある地域では干潮のときにしか発生しない、という極端な例もあります。潮汐によって大規模なゆっくり地震が発生し、それが別の地震を引き起こす可能性があります。そのような影響も考慮し、より詳細に潮汐と地震の関係を調べた結果、潮汐は地震の数をコントロールしないものの、地震の大きさをコントロールする可能性があることがわかってきました。この解釈が正しければ、とくに大きな地震に限っては、潮汐でトリガーされているようにみえるでしょう。19世紀の研究者は案外正しいものを見ていたのかもしれません。

column 3　月の地震

1969年のアポロ11号以来1977年まで、月に4台の地震計が設置され、月の地震（月震）が観測されました。8年間で1万回を超える月震が検出されています。その1割程度は隕石の衝突によるものでしたが、それ以外の震源は月の内部、それもかなり深部にあることがわかっています。地球の地震が発生するのは、地球半径6371 kmに対して深さ700 kmまで、つまり1割程度の深さに限られます。月震の場合、月半径1600 kmに対し深さ800〜1000 kmくらいに震源がありました。かなり月の中心に近いところで発生しているのです。

個々の月震はP波、S波をもつ弾性波であり、その点から地球で起きるふつうの地震と同じものに見えます。しかし、そもそも月には地

球のようなプレート運動はないので、その原動力は別のものです。地球ではマントルの対流が効果的に惑星の温度を下げていますが、月のようにサイズの小さな天体は伝導と放射で冷却されます。その過程で月内部に変形が生じ弾性エネルギーが蓄積されますが、そのスピードはきわめてゆっくりです。また、地球の引力で月にも潮汐が発生します。月に海はありませんから、固体潮汐です。観測された月震の発生タイミングには潮汐と同じ周期性が顕著であることから、潮汐が月震の発生に果たす役割が地球の場合より大きいことは明らかです。

　月震観測が途絶えてすでに40年経ち、次の観測がいつになるかまだわかりません。日本も、月に地震計を搭載した銛（ペネトレーター）を打ち込むという計画を推進してきましたが、技術的困難のため実現していません。月震は月の形成プロセスや、それに関連して地球形成史の理解に重要な情報を与えてくれるはずです。近い将来に再び月震記録が得られることを願っています。

第5章 震源では何が起きているのか?

　これまでに、地震は地下での破壊を伴う摩擦すべりだと説明してきました。この章では、そもそも破壊や摩擦がどのような物理現象で、地震の発生にどのようにかかわっているかを説明します。地震の物理のいちばん重要な部分ですが、必ずしも現代の物理学で十分に解明されていない部分ともいえます。また、章の後半では、破壊すべりを起こす断層の周辺で生じる岩盤の破砕や流体の拡散が、地震の破壊すべりにどのように影響するかも考えます。一般に地震は、地下の高温高圧の環境で発生しますが、その中でもとくに地下深く、高温高圧の極限環境では、どのように破壊すべりが発生するのかを検討します。

5.1 破壊と摩擦と地震波

地震波は断層破壊のおつり

　地震の際には地下の断層面が破壊します。断層面は、岩盤の中にある周辺より弱い面です。岩盤にエネルギーがたまり、大きな力がかかると断層面に沿って破壊が発生し、解放されたエネルギーが地震波となって周囲に伝播していきます。
　もちろん、岩石を破壊するのは簡単なことではありません。岩石はさまざまな鉱物の結晶やガラスによって構成されています。結晶やガラスを構成する分子どうしは力をおよぼしあい、岩石内部にさまざまな強さの結合をつくっています。この結合を断ち切るには、当然エネルギーが必要です。岩石をその中のある面に沿って破壊するには、多くの結合をいっきに断ち切

るのに十分なエネルギーを与えなければなりません。岩石を破壊すると新しい表面ができるので、破壊に必要な単位面積あたりのエネルギーを**破壊表面エネルギー**（もしくは略して破壊エネルギー）と呼びます。破壊表面エネルギーは岩石に限らず、金属やコンクリートなどさまざまな物質について測定できる量です。その大きさは、物質の強さの尺度のひとつとなっています。

　岩石を引っ張って壊すことを考えてみましょう。岩石ではイメージしにくければ、ゴムの板もしくは紐を両側から引っ張って壊す（ちぎる）のでもかまいません（**図 5.1**）。ゴムの板を両側から引っ張ると伸びます。このとき、引っ張った仕事のおかげで、ゴムの板の中には弾性エネルギーがたまります。ゴムはどこもだいたい同じように伸びるので、エネルギーのたまり方はほぼ一様です。切れ目のないゴムであれば、なかなか切れずにそうとう伸びることでしょう。伸びきったゴムに切れ目を入れると、バチンと切れます。このときにゴムの弾性エネルギーが、バチンという音（振動）のエネルギーに変換されます。

　じつはこのとき、蓄積した弾性エネルギーのすべてが振動のエネルギーに変換されるわけではありません。破断面をつくるために、弾性エネルギーが破壊表面エネルギーとして使われるからです。もともとたまっていた弾

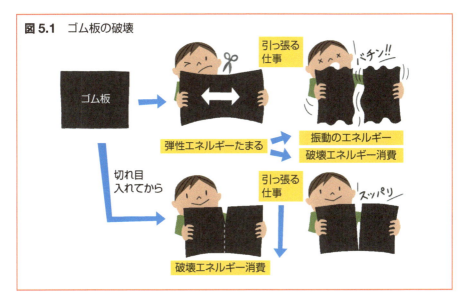

図 5.1 ゴム板の破壊

性エネルギーから破壊表面エネルギーを差し引いたおつりが、振動のエネルギーになります。もし初めから亀裂など弱面のあるゴムを引っ張ったら、そこからすっぱり切れて振動しない場合もあるでしょう。これは、引っ張る仕事が生みだす弾性エネルギーが、亀裂が広がるのに必要な破壊表面エネルギーとほぼ等しく、おつりがほとんど出なかったということです。

地震の際の岩盤の破壊でも、弾性エネルギーはまず断層面を破壊する破壊表面エネルギーとして使われます。そのときに使われなかったおつりが地震波となるのです。

地震の破壊はせん断破壊

引っ張ったゴムの破断の例に限らず、私たちは「破壊」という言葉から、物が2つ以上の部分に分かれる様子をイメージします。しかし地下で地震（断層破壊）が起こったからといって、そこで何かがバラバラになるわけではありません。地下の岩盤は完全には壊れず、必ずどこかで破壊が止まります。破壊面は離れず、ずれるのです。

横にずれる破壊を**せん断破壊**と呼びます。地震は、地下の岩盤の断層に沿ったせん断破壊です。せん断破壊の場合には、破壊直後から破壊面どうしの間に摩擦すべりが発生します。したがって、破壊の問題を考える際には、つねに摩擦も考える必要があります。

地面に置いた物体を鉛直に押して壊すことを考えましょう。岩石の円柱の軸方向に強い力をかけて破壊させる実験（一軸破壊）は、破壊や摩擦プロセスの詳細を調べる研究においてよくおこなわれています（**図 5.2**）。このとき摩擦の仕事が無視できるならば、破壊力学の理論によると、鉛直軸に対して45度の角度をなす破断面が生まれて物体は破壊します。面をずらそうとする力がこの方向で最大になるからです。

摩擦がある場合、面をずらそうとする力が摩擦力を超えないと、破壊は起きません。それと別に破壊表面エネルギーも必要です。摩擦力の定義としていちばん簡単なクーロンの摩擦則を考えましょう。クーロンの摩擦力の大きさは、面に垂直な力に一定の摩擦係数をかけたものに等しくなります。岩石の摩擦係数は 0.6 〜 0.8 程度で、おもしろいことに、一部の例外を除き岩石の種類にほとんど依存しません。これを**バヤリーの法則**（Byerlee, 1978）と呼びます。先ほどと同じような一軸破壊を考えると、摩擦係数が

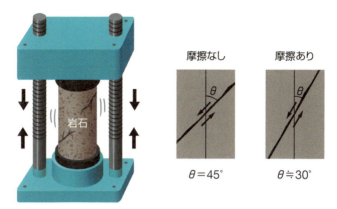

図 5.2 岩石の一軸破壊実験の模式図。岩石に力をかけていくと破壊するが、その破断面が鉛直軸となす角は、面の摩擦の性質とも関連する。

0.6〜0.8の場合、面をずらそうとする力が最大になるのは、面が鉛直軸に対して25〜30度の角度をなすときです。実際に岩石で破壊実験をおこなうと、だいたいこのような角度で壊れます。このように摩擦係数で決まる破壊条件を**クーロンの破壊基準**と呼びます。この破壊基準はさまざまな地震現象を理解する際に役立ちます。

破壊もしくは摩擦すべりの進展

すでに見てきたように、地震の破壊すべりは小さな領域で始まり、周囲に広がっていきます。破壊が広がっていくときには、弾性エネルギーから破壊表面エネルギーへの変換が起きます。ただし、地震の破壊はせん断破壊なので摩擦力が介在し、摩擦力による仕事＝エネルギー消費が生まれます。したがって地震波は、弾性エネルギーから摩擦と破壊のエネルギーを差し引いたおつりとして伝播するのです。おつりが発生しなくなり、弾性エネルギーの解放で摩擦と破壊のエネルギーをまかなえなくなると、破壊すべりはそれ以上進むことができず止まります。この時点で初めて地震の最終的な大きさ、すなわち地震モーメント、マグニチュードが決まるのです。

本節の最初に切れ目を入れたゴム板の引っ張り破壊の例でみたように、解放された弾性エネルギーがいつも摩擦と破壊のエネルギーで消費されるなら、ゴムが破断しても弾性波は発生しません。地下でも地震波を発生せ

ずに進行する破壊すべりが起こることがあり、安定な破壊すべりといいます。地震を起こすのは、おつりのエネルギーを発生するような不安定な破壊です。ですから、どのような場合に不安定な破壊になるか、これこそが地震の物理が解くべき問題です。

5.2 摩擦の真実と地震発生

最も単純な地震のモデル

弾性体における摩擦すべりの進展の問題は少々難易度が高いので、まずは地震のアナロジーとしてよく用いられる、ばねとブロックのモデルを考えてみましょう（**図 5.3**）。かなり粗い近似ですが、これは沈み込み帯のモデルとみなせます。平面上にブロックが置かれており、ばねが結びつけられています。その一端が一定速度で引っ張られています。ブロックと床の間には摩擦力が働いています。摩擦力は、高校物理で習う静止摩擦と動摩擦係数で与えられるとしましょう。すなわち、ブロックにかかる水平方向の力が静止摩擦を超えない限りブロックは止まったままですが、静止摩擦を超えると動きだし、同時に摩擦係数が動摩擦係数へ減少します。

このモデルは、微分方程式の初歩的な練習問題でもあります。ブロックの速度はサインカーブを描き、最初加速したのちに減速します。動摩擦がゼロで、ブロックがどちらにも動けるなら、ばねの係数とブロックの質量で決まる単振動がみられます。破壊のエネルギーも摩擦のエネルギーもないときには、ばねにためられた弾性エネルギーはすべて振動のエネルギーになるのです。摩擦係数があるときには、何度か振動した後でブロックは止まります。

この程度の単純なモデルであれば、実際につくって実験することも簡単そうです。適当なブロックとばねを用意して、図 5.3 と同じようなものをつくれます。余裕のある人はぜひ実践してみてください。しかし、上記の微分方程式の解のような挙動が得られるとは限りません。

しばしばブロックは加速せず、ばねの動きに追従してずるずると動いてしまいます。ばねを引く力は弾性エネルギーとしてためられず、すぐに摩

図 5.3 ばね・ブロックのモデル（地震のアナロジー）

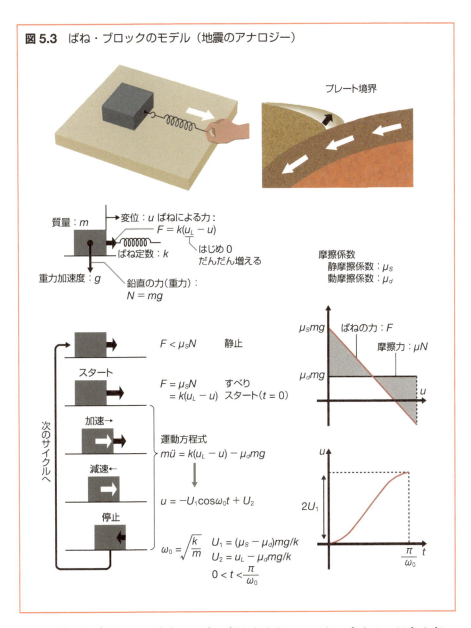

擦の仕事をしてしまうのです。何がおかしいのでしょうか？ ほとんどの原因は、先ほど仮定した摩擦法則が正しくないことにあります。一定の静止摩擦と動摩擦による摩擦法則は単純すぎるのです。

摩擦とは何なのか？　接触とはどういう状態か？

　真の摩擦則がどのようなものかを考えるには、摩擦とは何なのか、その前に物と物が接触しているとはどういうことか、を知らなければなりません。現実は見えたままではないのです。

　2つの物体が面を接して押し合っている、面に圧力がかかっている、と表現することがありますが、このときに力が働いているのは面全体ではありません。一見平らな面にも、細かく見ると無数の凸凹があります。そして、2つの物体の面の凸部どうしが近づくと、電磁気的な力をおよぼしあいます。これが、物体が接触している状態です。この凸部を**アスペリティ**、接触しているアスペリティの面積を**真実接触面積**と呼びます。真実接触面積は見かけの面の面積の数パーセントにもなりません。このほんのちょっとの面積で、物体どうしが押しあう力を支えているのです（**図 5.4**）。

　この接触をずらすには、アスペリティ間の力のつながり、つまり結合を破壊しなければなりません。静止摩擦力と呼んでいる仮想的な力の実体は、この結合を破壊する力です。面を強く押しつけるほど真実接触面積は増えるので、摩擦力は面を押す力に比例します。それだけでなく、2つの物体の間の接触は時間とともに変化（増加）します。近づいたアスペリティを

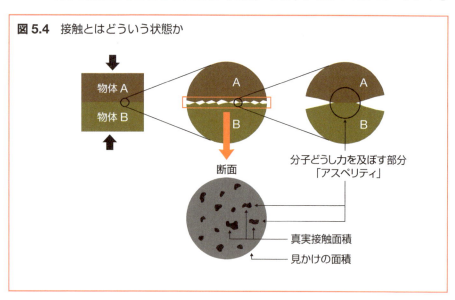

図 5.4　接触とはどういう状態か

構成する分子の間に化学反応が起きたり、アスペリティが時間とともに変形したりするからです。一般に接触面積は、ほぼ接触時間 T の対数関数（$\log T$）として増加します。接触面積の増加に比例して、2つの面の間に働く力、つまり静止摩擦力も強くなります。静止摩擦係数は定数でなく、時間とともに増えるのです。これは実験事実として観察されます（**図 5.5**(a)）。

　静止摩擦係数が定数でないのと同様に、動摩擦係数も定数ではありません。接触状態を保ちながら2つの物体がずれているとき、面ではアスペリティの接触が生まれては壊れていきます。このときにアスペリティを変形

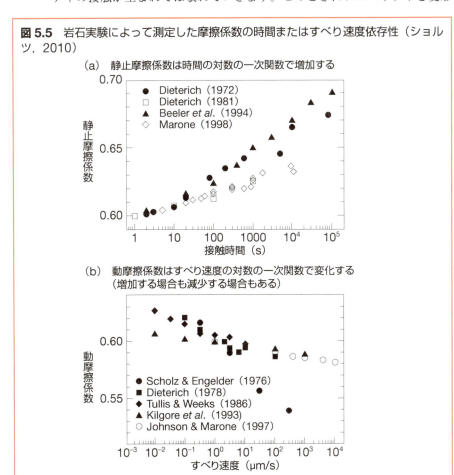

図 5.5 岩石実験によって測定した摩擦係数の時間またはすべり速度依存性（ショルツ，2010）

(a) 静止摩擦係数は時間の対数の一次関数で増加する

(b) 動摩擦係数はすべり速度の対数の一次関数で変化する（増加する場合も減少する場合もある）

させる力が動摩擦力です。動摩擦力はおおむねすべり速度 V の対数関数（$\log V$）として変化します。さまざまな物体についてこの変化の様子を調べると、すべり速度が速くなるにつれ動摩擦力は小さくなることも、大きくなることもあることがわかりました（図 5.5(b)）。

最先端の摩擦法則

　摩擦をアスペリティの接触として考えると、先ほど仮定した定数としての静止摩擦係数と動摩擦係数の問題点がわかりやすいと思います。動きだした瞬間に面の状態が変わることはありえません。実際には、動きだすと同時に接触状態が大きく変化し、ある速度に対応した接触状態になるまで、ある程度のすべり量が必要です。

　摩擦係数が時間の対数とともに変化し、速度の対数とともに変化する、そのような摩擦法則がすでに提案され、さまざまな現象の説明に用いられています。すべりの速度と面の接触状態によって決まる摩擦を表す法則なので、**速度状態依存摩擦則**と呼ばれます。英語では Rate and State Friction law なので、これを短縮して **RSF則**と呼ぶこともあります。この法則を先ほどのばねとブロックのモデルに適用すると、速度変化に対する摩擦の応答と引っ張るばねのばね定数の違いによって、ブロックの挙動が異なることがわかります。

　速度が大きくなると摩擦力が増えるような場合（これを**速度強化**といいます）、加速に対してつねにブレーキがかかるので、ブロックは引っ張り速度で一定に動きます。この状態は安定すべりといわれます。地震のような不安定破壊が起こるのは、速度が速くなったときに摩擦力が減る（これを**速度弱化**といいます）ような場合です。ただしこの場合でも、ばねがとても強ければ、ブロックは加速しません。極限まで強くしたばねは剛体棒とみなせますが、棒でブロックを引っ張っても何も起きません。つまり、ばねが弱いことが、不安定破壊を引き起こすためのもうひとつの条件です。地震発生には速度弱化の摩擦則と弱いばね、この 2 つが必要なのです。

地震発生の前後に何が起こるか？

　地下の断層にも RSF 則が働くと考えられます。そこで、断層を弾性体の中にある面と仮定し、その上に RSF 則を適用し、周囲の弾性体を変形させ

て、地震のような現象を再現してみましょう。これは、100年前に提唱されたリードの弾性反発説（1.2節参照）の現代的解釈です。

深さ方向に RSF 則のパラメータを変化させた、モデル計算の結果を**図5.6** に示します。断層は地表から地下深部まで伸びていますが、深さ数キロから十数キロまでの範囲が速度弱化（地震を起こす可能性あり）で、それ以外の範囲は速度強化（安定的にすべる）であると仮定します。この断層の最深部を一定速度で引っ張るとどうなるでしょうか。

引っ張り始めてからしばらくは、速度強化の部分でゆっくりとすべりが進行します。速度弱化の領域はほとんどすべりません。周囲がすべっているにもかかわらず、一部がほとんどすべらない状態を、「**固着している**」といいます。さらに引っ張りつづけてしばらくすると、速度弱化域の一部がすべりはじめます。この段階のすべりを**プレスリップ**と呼びます。プレスリップが大きくなって、やがて固着していた部分も含め、速度弱化域全体が大きくすべります。これが地震です。地震時のすべりはほぼ速度弱化域におさまりますが、地震直後から周辺の速度強化域でゆっくりしたすべりが進行します。**アフタースリップ**と呼ばれる現象です。しばらくするとアフタースリップも目立たなくなり、また深部のすべりが目立つようになり、

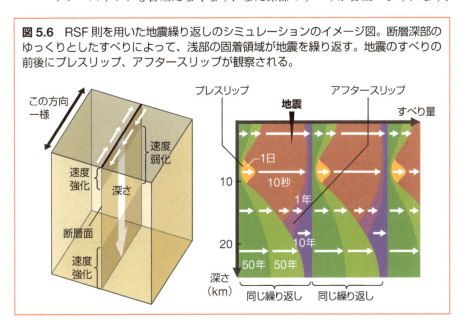

図 5.6 RSF 則を用いた地震繰り返しのシミュレーションのイメージ図。断層深部のゆっくりとしたすべりによって、浅部の固着領域が地震を繰り返す。地震のすべりの前後にプレスリップ、アフタースリップが観察される。

5.2 摩擦の真実と地震発生

断層面全体が最初の状態に戻ります。さらに時間が経つと、再び同じことが繰り返されるのです。

これはかなり単純なモデルですが、沈み込み帯やもっと複雑な断層面を仮定したモデルシミュレーションも盛んにおこなわれています。ほぼすべての計算に共通して、速度弱化域の固着、プレスリップの出現、地震時のすべり、アフタースリップの進行、という一連のプロセスが見られます。これは、実際の地震の予測可能性を検討するうえで重要な事実です。

5.3 破壊すべりと水と熱

水は断層を弱くする

ここまでは仮想的な弾性体の中の破壊を考えました。これはとてもシンプルなモデルです。本節では、もう少し現実的な地下の岩盤で発生する地震を考え、その発生に影響するさまざまな要素を取り上げます。話はいっきに複雑になりますが、できるだけかみくだいて説明するので、ついてきてください。

非常に高い圧力がかかっているにもかかわらず、地下の岩盤には、小さなすき間がたくさんあります。天然の岩石がもつすき間を、専門的には空隙と呼びます。この空隙の多くは水で満たされています。地上に降った雨水が地下に流れたり、地下深部から熱水が湧き出したりして空隙に入り、空隙をつないで地下水のネットワークができあがっています。ある意味、地下は水浸しです。この地下水が摩擦とともに地震発生のカギを握ります。

水は物理的および化学的な方法で断層を弱くします。岩石中の空隙に入った水は、岩石が変形する際に障害となります。そのため、空隙に水を含む岩石の変形時には、空隙をもたない岩石と比較して、より大きな力が集中します。つまり、水が入った岩石は、乾燥している場合にくらべて小さな力で壊れてしまうということです。見かけ上、破壊に対する強度や摩擦係数が低下します。もうひとつの化学的な方法は、空隙に入った水が周辺の岩石を構成する酸素原子とケイ素原子の間の結合を化学的に断ち切るというものです。いずれにせよ、地震発生領域にどの程度の空隙があり、その

空隙をどの程度水が満たしているかによって、水の効果は異なります。

断層面は溶けるのか？

　断層のすべりは、ある程度の摩擦がかかっている状態、しかも地下の高温・高圧下で起こります。そのため、摩擦すべりによって発熱が生じます。この熱の量はどれくらいでしょうか？　岩石は断熱材料として使われるくらいですから、あまり熱を伝えません。溶けるのも簡単ではありません。しかし条件によっては、断層面が溶けだすことがあると考えられます。その条件は、断層のすべりが狭い面に集中し、高速のすべりが一定期間続くことです。

　かつて地震を起こした断層には、その後の長時間の地殻変動によって地表まで上昇してきたために、現在直接観察することができるものがあります。そのような断層の中からは、断層面の溶融によってできたと考えられる岩石が見つかることがあります。断層の周辺に層をなすようにはさまった黒いガラス質の岩石で、**シュードタキライト**という名前がつけられています（**図** 5.7）。シュードタキライトには断層周辺の亀裂に染み込んだような形のものもあり、液体のように流れて岩石のすき間を埋めたことがわかります。

図 5.7　シュードタキライトの例。溶融して岩盤の割れ目に入り込んでいる。（写真提供：高木秀雄氏）

ただし、すべての断層にシュードタキライトが見られるわけではなく、むしろ見つけることが難しいというのが実際のところです。したがって、目で見られるほどの大規模な岩石の溶融が地震のたびに起こるとは考えられません。一方で断層面の小さな凸部、つまりアスペリティにはより強い力がかかっていて、溶けやすい条件がそろっています。そこで、小規模のアスペリティ単位くらいの溶融は比較的よく起こる、とも考えられています。

リアルな断層のフラクタル構造

　かつて地震を起こした断層を観察すると、すべりが集中した部分には**断層ガウジ**と呼ばれる粉のようになった層が見つかります。これは、もともとあった断層面の凸凹が地震のすべりを起こす際に破壊・粉砕され、粉状になってから再度固まってできたものです。粉に近いものなので当然弱く、断層ガウジが厚いところは、周囲より変形しやすいのです。断層ガウジの周辺の岩石も、粉々にはなっていなくとも、割れ目がかなり多く入っています。断層から離れるにつれ、割れ目は次第に減っていきます。

　そもそも断層面を平面とするのは簡単すぎる近似です。実際の断層は面自体の凸凹もさることながら、1つの面が途中で2つに分岐していたり、折れ曲がっていたり、途切れていたりします。そしてそのような複雑な形状は、いろいろな規模で存在します。たとえば地図上では、数キロから数十キロの断層の分岐や折れ曲がりが観察できますが、地表に現れた断層を見ると、地図では判別できない数メートル規模の小さな断層の分岐や折れ曲がりを確認できます。さらに断層周辺の岩石をルーペで観察すれば、その中にミリ単位の断層の分岐や折れ曲がりが見られます（**図5.8**）。

　このように観察する大きさを変えたときに、どの大きさでも同じような構造が見えるような複雑な構造を**フラクタル構造**と呼びます。フラクタル構造は海岸線や河川流路など、自然界のさまざまなところに出現します。断層もその一例です。

断層近傍で起きていること

　断層のリアルな姿を観察し、そこで起こるはずの現象を数えあげると、地震の破壊すべりがとても複雑な現象であることがわかります（**図5.9**）。破壊すべりは地下の断層の一部で始まります。そこは高温・高圧で、周囲

図 5.8 フラクタル的な断層の構造。現実の断層は観察するスケールを変えてもある程度の複雑さを保つ。

に地下水が満ちているような環境です。破壊すべりは RSF 則のような摩擦法則に支配されて進展し、すべりが生みだす摩擦熱によって周囲の地下水が加熱されます。水は沸騰するかもしれません。いずれにせよ水が膨張し水圧が増加するため、周囲の岩盤が弱まります。こうなると、破壊すべりはさらに進展しやすくなります。

　一方で、断層面付近の岩盤が弱くなった結果、破壊すべりが進展しにくくなることもあります。どういうことか見ていきましょう。弱くなった岩盤は破砕され、新しい断層ガウジが生みだされます。さらに、周囲の岩盤にも新しい亀裂が生まれ、場合によっては粉々に破砕されます。こうなると、加熱された地下水が周囲にできた新しいすき間に逃げる（拡散する）の

図 5.9 複雑な破壊すべりの進展にかかわる要素のまとめ

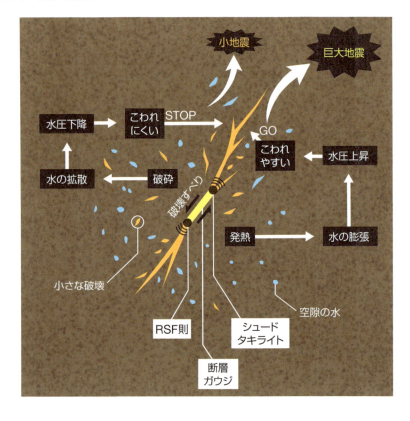

で、地下水圧が下がり、周囲の岩盤は強くなります。結果として、破壊すべりは進展しにくくなるのです。つまり、ほんの小さな条件の違いによって、地下水が岩盤を弱めるか強めるかが変わり、破壊すべりが広がるか止まるかが変わってしまうのです。しかもこの条件は、複雑な形状をした断層面の場所ごとに異なります。

　地震の破壊すべりはいつでも初めは小規模です。フラクタル構造をした断層の小さな範囲で始まるのですが、大きな構造に乗り移っていくことで巨大化します。構造を乗り移るたびに、摩擦、破壊、水、熱がからむ複雑な方程式の結果として、破壊が進展するか停止するかが決まっているのです。すべての初期条件と物理法則がわかったとしても、このプロセスの詳

細をすべて追うことはおそらく不可能でしょう。むしろある程度ランダムな現象と割り切って、その平均的な振る舞いを考えるべきです。

5.4 高温・高圧下での地震発生

深さによる地震発生環境の変化

　上でRSF則を説明した際に、摩擦は深さとともに変化すると仮定しました。具体的には、プレート境界の浅いところは速度強化、少し深くなると速度弱化、さらに深くなると速度強化になり、その下ではほぼ一定速度でプレート運動が起きている、という仮定でした。これは、先ほど考えた横ずれ断層でも、沈み込み帯のプレート境界でもほぼ同じです。ただし、この両者では速度弱化の範囲の深さが異なります。横ずれ断層や内陸の断層の場合、深さ10〜20 kmあたりで速度弱化から速度強化へと変化しますが、沈み込み帯ではその変化が深さ50±20 kmくらいで生じます。沈み込み帯で摩擦が変化する深さの幅が大きいのは、場所によって沈み込むプレートに大きな違いがあるからです。

　この深さはおもに温度で決まります。岩盤に含まれる鉱物の中には石英などのように、温度が上がると弾性体としての性質を失い、流れるようになるものがあります。このような鉱物の変化によって、岩石は速度強化の振る舞いを示すようになるのです。鉱物の弾性体としての性質が変化する温度は、だいたい300〜400℃くらいです。地球内部は深さとともに高温になりますが、上記の速度弱化から速度強化へと変化する深さは、300〜400℃に達する深さなのです。

　一方、岩盤にかかる圧力も、ほぼ深さに比例して増加していきます。摩擦力は摩擦係数と圧力の積で決まるので、深さとともに断層の静止摩擦力も増大していきます。したがって、摩擦に打ち勝って地下深くの断層を動かすには、とても大きなエネルギーが必要です。しかし、上記のように鉱物が流動しだすと、周囲の岩盤はもはや大きな弾性エネルギーをためることができません。すると、今まで考えてきた弾性体と摩擦による変形システムは機能しなくなり、長い時間をかけて岩盤全体がゆっくりと変形する

ようになります。そのような理由により、プレート境界で起こる地震の深さは最大でも 70 km くらいになるのです。

鉱物脱水と地震発生

ここで、地震発生に大きく影響する水がどこから来るのかについて話をしましょう。降水は地下水として浸透しますが、これらの水は岩石よりも密度が小さいので、ほとんど地球の深部には到達しません。地球深部へ水を送り込むのはプレートの沈み込みです（**図 5.10**）。

海溝からプレートが沈み込むと、海水もいっしょに沈み込みます。海底の岩盤（海洋プレート）の中には空隙があり、その空隙に海水が満ちているからです。沈み込むと岩盤にかかる圧力が増大するので、空隙はつぶれ、

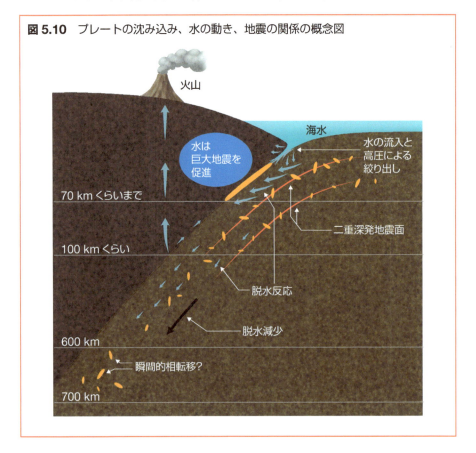

図 5.10 プレートの沈み込み、水の動き、地震の関係の概念図

それまで空隙を満たしていた海水は岩盤から絞り出されます。このような水によって、海溝付近、沈み込みが始まったばかりの場所のプレート境界はとても変形しやすくなります。ただし、この岩石からの水の絞り出しはせいぜい数キロの深さで終わると考えられています。

　プレートがさらに沈み込むと温度・圧力の増大によって、鉱物の分子構造が変化（相転移）します。鉱物の中には、分子構造に多くの水素原子（H）や酸素原子（O）を含んでいるものがありますが、相転移とともにこれらの原子が水（H_2O）となって、鉱物分子の外に放出されます。このような鉱物の変化を**脱水反応**といいます。鉱物の種類は多様で、温度・圧力の上昇によってさまざまな脱水反応が起こるので、プレートは沈み込みながら水を吐き出し続けているようなものです。

　プレートが吐き出した水は断層を弱くし、地震発生を促進するとともに、岩盤中の空隙のネットワークを伝って移動していきます。そして、長い時間をかけて地表近くに戻ります。とくに地下 100 km くらいで放出された水は、そこでのマグマの形成、移動、さらには火山の噴火という別のプロセスにかかわることになります。このように、沈み込み帯とその周辺の水の移動は多くの現象にかかわる重要な問題ですが、その詳細はまだ十分に解明されてはいません。

奇妙な深発地震

　以前、沈み込み帯ではプレート境界の地震が起こるのはせいぜい深さ 70 km まで、という話をしました。しかし現実には、地震は深さ 700 km くらいまで起こります。すでに述べたように、この深発地震はプレート境界の地震ではなく、沈み込むプレートの内部で起こる地震です。ただし、この地震がどのように起こっているか、研究者もまだ十分理解できていません。

　プレートに地震を発生させる弾性エネルギーがたまるメカニズムは、だいたいわかっています。深さ 200 km くらいまでの二重深発地震面（4.3 節参照）では、もともと平面に近いプレートが沈み込むために曲げられ、沈み込んだ後に再び平面に戻ることで発生します。個々の地震の断層面とすべりの方向を調べると、このような変化とつじつまがあうのです。また、深さ 600 km くらいのプレートは平均 660 km より深い下部マントルに沈

み込めず、下から押し返されるような力を受けます。この力によって弾性エネルギーがたまるのです。

　いくら弾性エネルギーがたまっても、破壊と摩擦すべりが起こらなければ地震にはなりません。これが問題です。深さ 300 〜 400 km くらいまでは、それより浅いところと同様の脱水による破壊で説明できそうです。プレートはもともと低温の地表付近にあったので、沈み込みの最中もプレート近傍はその周囲より冷たくなっています。プレートの中心部ほど、いちばん外側のプレート境界よりゆっくりと温度が上昇するので、脱水反応がより深いところで起こります。したがって、深発地震が起こる場所も深くなるのです。

　しかし脱水反応は、鉱物分子中の O や H が少なくなればなるほど起こりにくくなるので、多くの研究者は 600 km 以上の深部では続かないと考えています。高温・高圧下で地震を発生させるその他の理由として、瞬間的な相転移が考えられています。つまり、通常はゆっくり進む相転移が瞬間的に起こることで、鉱物の体積が急激に変化し、周辺の力のバランスが崩れて破壊が起こる、という説です。瞬間的な相転移の身近な例として、水の過冷却という現象があります。振動などのない静かな状態で水をゆっくりと冷却していくと、零度を過ぎても水（液体）のまま、という状態をつくることができます。これが過冷却の水です。過冷却の水に振動などの衝撃を加えたり、物を放り込んだりすると、一瞬で氷になります。過冷却実験の様子はインターネット上で動画として多数提供されています。同じようなこと（この場合には過加熱）が地下の鉱物に起こるのではないか、というのがこの仮説です。現在、仮説を裏づけるための実験や数値計算がおこなわれています。

column 4　地震発生帯を掘る

　地震が発生している断層について、私たちはどのようにして本章で紹介したような理解（仮説）にいたったのでしょうか。その過程では、岩石実験や、かつて地下深部にあった断層の観察をもとにした、さまざまな想像も役に立っています。

しかし、数キロより深い地下で、現在実際に地震を起こしている断層にどんな岩石鉱物がどのように配置しているか、直接観察するのはきわめて困難です。観察するには、何キロもの深さまで穴を掘らなければなりません。このような難問に対して、実際に深い穴（ボアホール）を掘削し、チャレンジしている研究者もいます。

　とくに日本では、沈み込み帯のプレート境界の掘削に力を入れています。2005年に完成した海洋研究開発機構の地球深部探査船「ちきゅう」（図5.11）は、科学掘削船として世界最高の掘削能力をもち、海面下10kmまでの掘削が可能です。現在「ちきゅう」は紀伊半島沖で、南海トラフの巨大地震発生帯の掘削を10年がかりで進めています。またひと足先に、2011年の東北沖地震の断層すべりを起こした岩盤を、日本海溝のそばで掘り抜きました。その深さは速度強化の領域でしたが、そこではたしかに地震時に破壊すべりが起こったこと、また摩擦の発熱があった証拠が得られました。さらに、摩擦係数が低く、想像以上にプレート境界はすべりやすいこともわかりました。南海トラフでは、さらに深い速度弱化領域を目指して掘削が進んでいます。達成されれば、地震の科学への大きな貢献となることでしょう。

図5.11　地球深部探査船「ちきゅう」（写真提供：海洋研究開発機構）

第6章 地震の大きさと速さ

通常私たちが興味をもつのは稀な大きな地震ですが、中小規模の地震はもっと頻繁に起こります。そして大きな地震も、その破壊すべりが始まった瞬間には小規模です。また、大きな地震は高速の破壊すべりによるものですが、はるかに遅いすべりを伴う現象が近年発見されました。「ゆっくり地震」と呼ばれる現象です。この章では、小さな地震やゆっくり地震について、大きな地震と何が共通で何が違うかをみていきます。このような知識は、巨大地震が起こる条件や理由を考えるうえで有用なヒントを与えてくれます。

6.1 地震はどこまで小さくなるか?

地震の数は増えている?

日本ではきわめてたくさんの地震が起こります。実際のところ、何回地震が起こっているのか、正確な数はわかりません。地震観測システムの性能が向上するほど、多くの地震が検出されるのです。

図 6.1 は、戦前から観測されてきた日本における 1 年あたりの地震数の変遷を表しています。これは、気象庁が業務として検出した地震の数です。1923 年の関東大震災直後からカタログは公開されていますが、戦前から 1960 年ごろまではずっと、地震の数は 1 年に 1000 回というのが相場でした。その後、地震は急激に増えています。図の縦軸が対数であることを考えると、まさに指数関数的増加です。ただし、中規模以上（$M4$ 以上）の地震の数を見ると、約 100 年経ってもたいして増えていません。ですから

図 6.1 気象庁カタログにおける地震の数の変遷。赤丸は各年に観測したすべての地震数，青丸はそのうち $M4$ 以上の地震数。

　この図を見て、最近になって地震が増えていると解釈するのは間違いです。
　1970 年代以降、新しい地震計の設置、地震計データの処理システムの改善などにより、より小さな地震まで検出できるようになったことが、地震が増えている理由です。2000 年以降は、年間 10 万回を超えています。これは、平均すればほぼ 5 分に 1 回起きているということです。実際に気象庁は毎年これを上回る数の地震を検出し、震源を決定しているのです。ただ 2000 年以降、増加は鈍くなっており、検出能力もしくはデータ処理能力が飽和していることを示唆します。
　現在、気象庁は $M2$ くらいまでの地震を、全国でほぼもれなく検出することができます。静かな山中など観測条件のよいところでは、さらに小さな $M0$ の地震はもちろん、ときには M がマイナスになるものまで検出しています。M がマイナスというとなんだか変な感じがしますが、すでに説明してきたように、M は地震波のエネルギーまたは地震モーメントの対数を用いて定義される量です。M がマイナスだからといって、エネルギーや地震モーメントが負というわけではありません。世界で初めて M を定義したリヒターも、M が負になるような地震を常時観測したり、研究したりするようになるとは予想しなかったかもしれませんが。

6.1　地震はどこまで小さくなるか？

きわめて小さな地震のようなもの

　小地震は大地震にくらべて高周波で小振幅の地震波を放出します。周波数が違うと、波の伝わり方が違います。音の場合、ズーンズーンという低周波の音と比較して、キーンキーンという高周波の音は、短い距離しか伝わりません。一般に高周波の波ほど減衰が激しいからです。地震波も同じで、小さな地震の地震波はもともと小さいうえに高周波なので、震源の近くでしか観測できません。小さな地震を観測するには、人里離れた静かなところに深い穴を掘り、その底に地震計を設置する必要があります。1 km を超えるような深い穴での観測も、さまざまな場所でおこなわれています。このような高感度観測では、小さいとはいえ、P 波も S 波もあるふつうの地震が観測されます。

　ところで、地震観測とは別の目的で、地下深くまで大規模な穴が掘られている場所があります。それは鉱山です。鉱山では坑道や採掘場として、地下に長く広い穴を掘ります。その結果、もともとの岩盤中の力のバランスが崩れ、破壊が起こることがあります。この破壊はふつうの地震と同じような現象です。鉱山では「山はね」と呼ぶこともあります。山はねのマグニチュードはふつうマイナスで、それも -3 とか -5 といった値です。ふつうの地震の振動は人間の可聴域（下限は 10 Hz くらい）以下ですが、鉱山で地震の破壊が起こると「パーン」という音が聞こえます。また、鉱山でも $M2$ くらいの地震が起こることがあります。$M2$ は鉱山の地震としては巨大で、落盤事故などの災害をもたらす可能性があります。

　さらに小さな地震のような現象は実験室でも見られます。岩石を圧縮して破壊する実験では、破壊の前に「ミシミシ」という音がします。アコースティックエミッション（AE）と呼ばれるこれらの小破壊も、ひとつひとつは地震と似たような破壊すべりです。ふつうの地震と同じようにマグニチュードを推定すると、-10 くらいになります。さらに小さな破壊となると、結晶の結合の破壊のような規模もありますが、ふつうの地震と同じような現象と考えられているのは -10 程度の大きさまでです。私たちは、せいぜい $M3$ より大きな地震にしか関心がありませんが、実際には地震は M が -10 から $+10$ くらいまで、幅広い規模で起こる現象なのです。

南ア金鉱山の地震観測

　小さな地震の破壊すべりは大きな地震とどう違うのでしょうか？　前述のように、小さな地震の観測は簡単ではありませんが、例外的に観測しやすい場所として鉱山、それもとくに大深度の鉱山があげられます。鉱山は世界中にありますが、中でも南アフリカには金やダイヤモンドの鉱山がたくさん掘られています。金やダイヤモンドの鉱石であれば、地下何千メートルもの大深度まで穴を掘って採掘する価値があります。

　しかし大深度での採掘は危険な作業です。地震（山はね）によって事故

図 6.2　鉱山での地震観測の例（Yamada *et al.*, 2007 より改変）

（a）鉱山内の様子

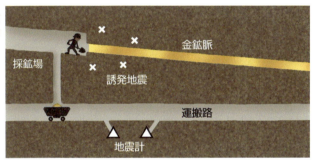

（b）鉱山で観測された地震波

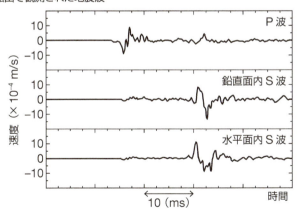

が発生すると、鉱山会社は操業停止、補償と大変なことになりますから、なるべく地震を起こさずに採掘したい。そこで、地震を研究したい研究者と鉱山会社の興味が一致します。南アフリカの鉱山では実際に多くの地震学のプロが働いていますが、日本の研究者も鉱山会社と協力して、1990年代から南アフリカで地震発生過程の研究を繰り広げてきました。鉱山では、採掘計画があらかじめ決まっているので、次に地震が起こる場所をだいたい予想できます。その場所に先回りして地震計を埋め込んでおくと、その周辺で起こる地震を観測できるのです。

たとえば我々がおこなった観測では、$M1$ くらいの地震を震源から 100 m 以内で観測しました。$M1$ の地震の断層のサイズは数十メートルなので、これは破壊領域のすぐそばでの観察といっていいでしょう。地震波はほとんど減衰しないまま観測され、破壊すべりの複雑さを示唆する、複雑な振動が観測されました (**図 6.2**)。このような地震波を利用して、大地震の場合と同じように、破壊すべりが開始点から始まって周囲に広がっていく様子を推定することができます。破壊すべりは大地震と同じように、複雑に広がっていくのです。地震が小さいからといって、広がり方が単純になるわけではありません。

破壊すべりの相似性

南アフリカの金鉱山で起きる $M1$ くらいの地震の破壊すべりを、$M7$ くらいの兵庫県南部地震と比較してみましょう (**図 6.3**)。どちらも複雑なプロセスであることがわかりますが、サイズが大きく違うことに注目してください。時間刻みは 2 秒と 2 ミリ秒、断層サイズは 50 km と 35 m、すべりの量はメートル単位とミリメートル単位で表されています。つまりほぼ 1000 倍違うということです。このような系統的な違いをもつものどうしを、幾何学的に**相似**といいます。もちろん、ひとつひとつの細部までが相似なわけではありませんが、$M1$ の地震はだいたい $M7$ の地震の 1/1000 スケールのミニチュアとみなせるのです。

相似なものどうしには、大きさが変わっても変わらない量があります。この変わらないものを**スケール不変量**と呼びます。たとえば破壊すべりが広がる速さ（破壊伝播速度）は、岩石の地震波（S 波）速度で制限されているのであまり変わりません。だいたい毎秒 2 〜 3 km です。断層の各位

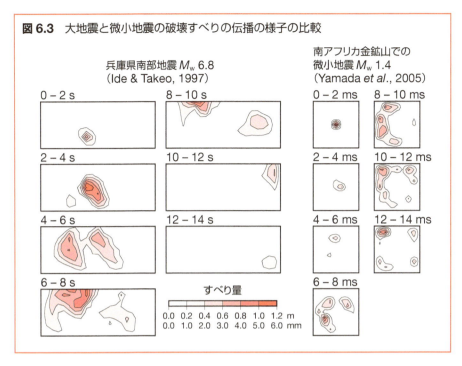

図 6.3 大地震と微小地震の破壊すべりの伝播の様子の比較

置でのすべりの速度は、図 6.3 のすべり量を時間刻みで割ったような量なので、やはり大地震と小地震で大差なく、だいたい毎秒 1 m くらいです。もうひとつ、すべり量（$M7$ だと数メートル）を断層のサイズ（$M7$ だと数十キロメートル）で割った量も変化しないことがわかります。これはすべりに伴うひずみの変化で、だいたい 10,000 分の 1 くらいになります。破壊伝播速度、すべり速度、ひずみ変化量などはすべて、地震の破壊すべりに関するスケール不変量です。

6.2 地震のスケール法則

地震のサイズの支配法則

すでに本書では何回か、さまざまなマグニチュードの地震の破壊すべりの規模について議論してきました。$M9$ の東北沖地震は、断層サイズ 400 km

× 200 km、すべり量 20 m くらい、$M7$ の兵庫県南部地震は断層サイズ 50 km × 20 km、すべり量 2 m くらい、という具合です（図 2.8）。前節では、$M1$ で断層サイズ 35 m × 35 m、すべり量 4 mm くらいの例を紹介しました。ここで一度、典型的な地震の破壊すべりの規模を、数式を使って整理しておきましょう。

地震を単純に長方形（長さ L × 幅 W）の断層の上の一様なすべり（すべり量 D）とすると、地震モーメントは LWD に比例します。また、多くの地震では L と W、W と D は比例します。W は L より少し小さいくらい、D/W は前述のようにひずみ変化量で、具体的には 1/10,000 くらいの値になります。もちろんこれは一般的な話で、個々の地震をみれば W が L より大きかったり、D/W の値も多少の大小があったりするものです。

上で紹介したいくつかの例から、マグニチュードが 2 上がると L, W, D は約 10 倍になることがわかります（**図 6.4**）。つまり、マグニチュード依存性が $10^{M_w/2}$ となっているといえます。上記の例を参考に比例係数を決めれば、断層の長さ L, 幅 W, すべり量 D の典型的な値を、マグニチュード M_w だけを使って以下のように表すことができます。

$L = 10 \times 10^{M_w/2}$ (m)
$W = 5 \times 10^{M_w/2}$ (m)
$D = 0.0005 \times 10^{M_w/2}$ (m)

これらはかなりおおざっぱな式ですが、よい近似です。実際、断層周辺の岩石の剛性率の典型的な値として 30 GPa を仮定して、これらの式から地震モーメント M_0 とモーメントマグニチュード M_w の式に直すと、

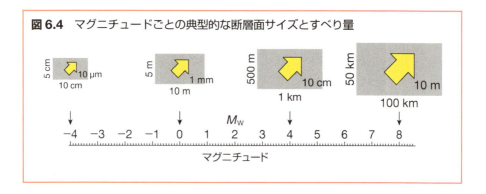

図 6.4 マグニチュードごとの典型的な断層面サイズとすべり量

$$M_\mathrm{w} = \frac{2}{3} \times (\log_{10} M_0 - 8.9)$$

となります。第2章で紹介した、モーメントマグニチュードの定義式 $M_\mathrm{w} = 2/3 \times (\log_{10} M_0 - 9.1)$ とよく似ています。多少の誤差は残りますが、それぞれの量の推定誤差を考えれば、これらの式を地震のサイズを支配する式と呼んでさしつかえありません。L, W, D がすべて比例するので、地震の破壊すべりは幾何学的に相似といえます。

地震のエネルギーのスケール法則

　上の議論では断層の大きさしか用いませんでした。しかし、断層の大きさからわかるのは地震に伴う変形だけで、地震の揺れ、つまり地震波のエネルギーは計算できません。前章で触れたように、地震のエネルギーは、もともと弾性体に蓄えられていたエネルギーのうち、破壊と摩擦による消費のおつりが周囲に放出されるものです。したがって、現象のサイズによる破壊と摩擦の作用の違いがわからないと、地震のエネルギーと大きさの関係がわかりません。

　断層面の破壊強度が高かったり、摩擦が大きかったりすると、地震の破壊すべりが進展しにくいことは直感的に理解できるでしょう。この場合、断層面全体に破壊が広がりきるのに、長い時間がかかります。逆に破壊や摩擦がまったくないと、破壊は弾性波速度で伝わり、あっという間に広がります（もっともこの場合、破壊が止まらないので大変なことになってしまいますが……）。ですから、地震が始まってから終わるまでの時間、継続時間 T が地震のサイズを表すもうひとつ重要な量となります。

　前節の例でみたように、多くの地震で破壊の進展速度はほぼ一定、だいたい 2～3 km/s となるので、継続時間 T は断層の長さ L に比例することになります。前と同様な式を書けば

$$T = 0.004 \times 10^{M_\mathrm{w}/2} \text{ (s)}$$

となります。地震の破壊すべりは空間的に相似（$L \propto W \propto D$）なだけでなく、時間的にも相似（$L \propto T$）なのです。時間・空間的に相似性がなりたつとき、地震波エネルギーは地震モーメントに比例し、この比がもうひとつのスケール不変量となります。

　実際に大小さまざまな地震について、地震波エネルギーを推定して、地

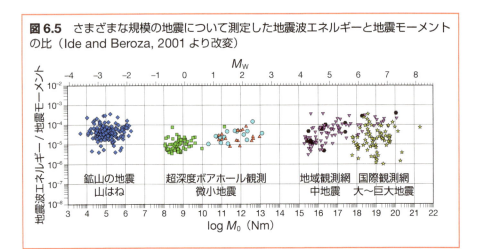

図 6.5 さまざまな規模の地震について測定した地震波エネルギーと地震モーメントの比 (Ide and Beroza, 2001 より改変)

震モーメントと比較した結果が図 6.5 です。その比は幅広いサイズの地震に対して、ほぼ一定となることがわかります。地震の破壊すべりはどうやら、時間・空間的な相似性がきわめて広い範囲でなりたつ現象のようです。長さと時間のスケールを一定に変換して観察すると、小地震は大地震と変わりません。これは前節と同じ結論です。

スケール法則の限界

地震のサイズを規定するスケール法則は、非常に幅広い範囲でなりたちますが、もちろん無制限になりたつわけではありません。大きいほうでは、地球のサイズで制限されます。さらに、地震が発生できる深さ範囲に制限されます。前章で示したとおり、あまり深くなると、流れるような岩石の変形が起こり、地震にはならないからです。この深さは内陸では 10～20 km、沈み込み帯のプレート境界ではせいぜい 70 km です。内陸の横ずれ断層の場合、断層面は鉛直なので、その幅 W は深さ範囲と同程度の 10～20 km で頭打ちになります。沈み込み帯では 70 km の深さを斜めに横切るので、200～300 km あたりが上限です。W が頭打ちになると、次にすべり量 D がひずみの上限によって頭打ちになります。断層長さ L だけは、さらに大きくなることができます。実際、横ずれ断層では、L だけがとても大きな地震がしばしば起こります。1906 年のサンフランシスコ大地震、1891 年の濃尾地震などの M8 級の地震では、W はせいぜい 20 km な

のに、L が数百キロメートルにもなった例があります。

このように地震のサイズには明らかな上限がありますが、小さなサイズの限界はどこにあるのかはっきりしません。より精密な観測をすればするほど、より小さな現象が見つかり、上記のスケール法則を満たすように見えます。小さなサイズの限界は、地震の物理学がまだ解明できていない問題です。

スケール法則の例外と津波地震

この章で紹介した地震のスケール法則は広い範囲でなりたちますが、ばらつきもけっして無視できません。図 6.5 で示したエネルギーと地震モーメントの比は、2 桁程度ばらついています。地震によっては、大きさのわりに強力な地震波を出すもの、弱い地震波を出すものがあるということです。前者の例は、沈み込み帯の深部で起こるプレート内部の地震によく見られます。1993 年の釧路沖地震はその一例で、$M_w7.6$ という地震のサイズから予想される 30 秒くらいの継続時間とくらべると、はるかに短く 10 秒くらいで破壊が完了しました（**図 6.6**）。短時間に強力な地震波を放出したということです。サイズのわりに大きな地震波を出す地震が危険なことは、いうまでもありません。

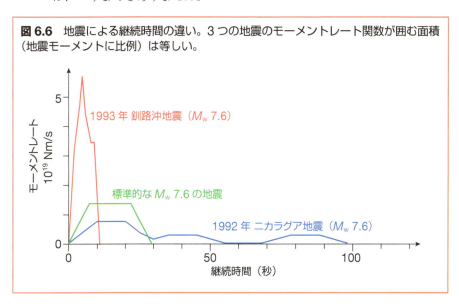

図 6.6 地震による継続時間の違い。3 つの地震のモーメントレート関数が囲む面積（地震モーメントに比例）は等しい。

一方で、やや意外かもしれませんが、サイズのわりに小さな地震波を出す地震が危険なこともあります。見方を変えれば、地震波のわりに、地震に伴う変形が大きいということです。とくに沈み込むプレートのいちばん浅いところで、このような地震がよく起こります。この地震が危険な理由は、地震波よりむしろ津波です。地震波のわりに大きな津波が沿岸を襲うと、住民が気づかず避難できない可能性があります。1896年の明治三陸沖地震がその典型でした。人々は地震の揺れを感じたものの、この地域では珍しくない程度の揺れだったため安心していたところ、少し遅れて巨大な津波に襲われ、多くの犠牲者が出ました。近年でも、1992年にニカラグアで起こった地震は、揺れが小さかったため住民が避難せずにいたところに巨大な津波が襲い、大きな被害を生みました。ニカラグア地震は釧路沖地震と同じ M_w7.6 という大きさでしたが、継続時間 T は 100 秒以上と長く、スケール法則による標準値からかなり外れていました（図 6.6）。

　このような地震を**津波地震**と呼びます。プレート境界のいちばん浅い部分で地震が起こると、破壊がゆっくり進行し、地震波のわりに大きな津波が引き起こされるのです。2011年の東北沖地震はそれ自体巨大地震でしたが、津波地震のような破壊すべりを伴ったこともわかっています。津波地震については、その発生条件にわかっていないことが多く、今後の研究が期待されています。

6.3 地震の大きさと頻度

地震発生数の相場

　巨大地震は怖いものですが、けっして頻繁に起こるわけではありません。巨大地震はやはり稀です。では、どれくらい稀でしょうか？　ある程度長期で平均すると、世界ではだいたいどれくらい地震が起こるか、相場がみえてきます。

　相場を知るために覚えておくとよい簡単なルールがあります。まずは、「*M*8 より大きな巨大地震が世界のどこかで年に 1 回」起こるという法則です。M7 より大きなものだと年 10 回、M6 だと年 100 回となります。大

小の地震の間には、地震のマグニチュードが 1 小さくなると、頻度が 10 倍になるという法則がなりたつのです。この法則は、**グーテンベルグ・リヒターの法則**と呼ばれています。ベノ・グーテンベルグとチャールズ・リヒターという 2 人の科学者の名を冠したもので、略して **GR 則**ということもあります。チャールズ・リヒターはマグニチュードを発明した本人です (2.5 節参照)。

　マグニチュードにはいろいろなものがあるという話をしましたが、GR 則は、物理的にいちばんわかりやすいモーメントマグニチュードでもよくなりたちます。実際に過去約 40 年間に世界で発生した地震のモーメントマグニチュードと頻度 (対数) の関係を図に表すと、$M5$ 以上でほぼ直線となるのです (図 6.7)。$M8$ を超えるところで直線から外れるのは、地震の発生する深さの限界が決まっており、それを超えるとスケール法則が破たんするから、と考えられます。ただし、超巨大地震についてはまだ観測期間が十分ではないので、たまたま過去 40 年に少なかっただけかもしれません。

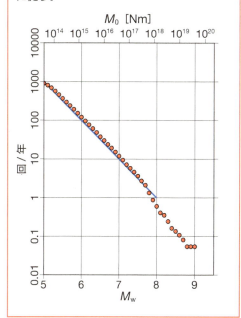

図 6.7 1977 〜 2015 年の Global CMT カタログから作成したマグニチュード (M_w) と 1 年あたりの回数。ほぼ $b = 1$ の GR 則に従う。

　この法則を日本周辺の地震に当てはめてみましょう。日本周辺では世界の地震の 1 〜 2 割が発生しますから、上記の頻度を 10 分の 1 にするか、マグニチュードを 1 小さくすると、日本版ルールが得られます。つまり「毎年日本周辺のどこかで $M7$ の地震が起こる」、そして「ほぼ毎月 $M6$ の地震が起こる」ということになります。これは実感と合うでしょうか。もちろん、$M6$ でも震源が陸から離れていれば、あまり大きな揺れにはなりませんから、騒ぎになる地震はもうすこし少なめです。事実としてこれくらいの地震は起こっているのですが、このような低頻度の

現象の頻度を直感的に把握するのは困難です。

GR則の意味するところ

　GR則は地震の科学を理解するうえでとても重要な法則なので、もう少し注意深く見てみましょう。GR則を数学的に定式化すると、以下のようになります。

　あるマグニチュードM_cより大きなMの地震の数を$N(M)$とすると、両者の間には

$$\log_{10} N(M) = a - bM \quad (M > M_c)$$

という関係がなりたちます。$\log_{10}$は常用対数、aとbは定数です。この関係は、全世界はもちろん、さまざまな地域、期間について、あるM_c以上の地震がすべて検出できている場合に限り、なりたちます。対象とする地域や期間、Mの下限M_cによってaの値は大きく変わりますが、bはあまり変わらず、1に近い値になります。前述の「地震のマグニチュードが1小さくなると、頻度が10倍になる」というのは、$b=1$の場合でした。

　第2章で、マグニチュードMは地震波エネルギーや地震モーメントの対数で表されることを説明しました。上式のMのところにこの関係を代入すると、発生数Nの対数$\log N$と地震波エネルギーの対数$\log E$または、地震モーメントの対数$\log M_0$は一次関数で表されることになります。$\log N$と$\log M_0$（または$\log E$）を両対数グラフに表示すると直線になります。このような関係を満たす法則を**べき法則**といいます。べき法則は自然界のさまざまなところで見られ、GR則はその代表例です。べき法則の意味については次章でさらに詳しく説明します。

　GR則がなりたつ地震のサイズの範囲は、地震の性質というよりむしろ観測能力によって変わります。高性能な地震観測システムなら、より小さな地震まで観測することができ、小さな地震までGR則がなりたつことがわかります。たとえば全世界規模では、もらさず検出できている$M5$くらいまでの地震でGR則がなりたちます。一方、日本周辺の地震は$M2$くらいまで、ほぼ完全に検出できています。そこで、$b=1$で$M7$が年1回として、GR則により小さな地震の頻度を求めて、検出数と比較してみましょう。すると、$M6$が年10回、$M5$が年100回、$M4$が年1,000回、$M3$が年10,000回、$M2$では年100,000回となり、これは気象庁が毎年検出して

いる地震数（約 100,000 回）と一致しています。

　GR則はさらに小さな地震についてもなりたちます。前述の南アフリカの金鉱山では、$M-5$ の極小の地震までが、GR則に当てはまるように発生しています。また、岩石実験で見られる AE についても、GR則がほぼなりたつことがわかっています。GR則は地震およびその類似現象について、大きさと頻度の関係を支配するきわめて普遍的な法則なのです。

小地震は大地震の代わりになるか？

　地震は、プレートテクトニクスで地下にたまったエネルギーを放出します。ではもし、たくさん起こる小規模の地震が十分なエネルギーを放出してしまえば、大地震は起こらないのではないでしょうか？　小地震なら何度起こっても震災とは無縁ですから、大地震の被害を減らせそうな気がします。しかし残念ながら、このような期待はほとんどの場合、現実的ではありません。

　地震のマグニチュードと頻度、エネルギーの関係を思い出してみましょう。マグニチュードが1大きくなると頻度は10分の1になります。しかしエネルギーは約30倍です。ということは、ある期間で放出するエネルギーの総量の比は両者の積で約3倍、と計算できます。マグニチュードが6違えば、エネルギー総量の比は1000倍にもなります。つまり、たとえ

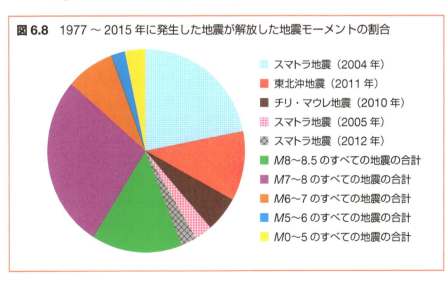

図 6.8　1977～2015 年に発生した地震が解放した地震モーメントの割合

- スマトラ地震（2004 年）
- 東北沖地震（2011 年）
- チリ・マウレ地震（2010 年）
- スマトラ地震（2005 年）
- スマトラ地震（2012 年）
- $M8$～8.5 のすべての地震の合計
- $M7$～8 のすべての地震の合計
- $M6$～7 のすべての地震の合計
- $M5$～6 のすべての地震の合計
- $M0$～5 のすべての地震の合計

ば $M2$ くらいの小さな地震をいくら集めても、同じ期間・場所に発生する $M8$ くらいの地震の 1000 分の 1 のエネルギーにしかなりません。これは地震モーメントについても同じです。

図 6.8 は、過去約 40 年間に世界で発生した全地震の地震モーメントの合計に対して、特定の地震の地震モーメントがどの程度寄与したかを示したものです。2000 年以降の超巨大地震、スマトラ地震、東北沖地震がかなりの部分を占めることがわかります。これに対して $M5$ 未満の地震は、全部合わせてもたった 3 ％にしかなりません。プレート運動による膨大なエネルギーの放出の主役は、あくまでも超巨大地震なのです。

6.4 見えてきた「ゆっくり地震」

静かな地震

地震が起こると、断層運動による地殻変動が観測されます。2011 年の東北沖地震の際には、日本列島の多くの地点で最大 5 m を超える水平移動が観測されました。ここまで大きくないにしても、プレート境界で地震があると、その近くの地面は変動します。今日では日本中に GPS の観測点網が設置されているので、数ミリ程度の変動があれば見逃しません。GPS の観測点はふだん、プレートに押し込まれる日本列島の動きを測定し続けているのです。

この観測網が設置されて間もなく、1997 年初めから四国、九州を中心に GPS の観測点がいっせいにふだんの運動方向と逆に動く、という「事件」がありました。この動きは 1 年ほど続きました。後日の分析の結果、その動きは豊後水道下のプレート境界で起きた、$M6.5$ 程度の地震のようなすべりによって説明できることがわかりました（**図 6.9**）。

じつは、地下の断層が静かにずれるという現象の存在は、20 世紀半ばから示唆されていました。たとえばアメリカのサンアンドレアス断層では、地面がときどきゆっくりずれる**クリープ現象**が見つかっています。日本でも 1990 年代に、東北沖でゆっくりしたすべりが起きたという報告もありました。しかし多数の GPS 観測点によって、地下のゆっくりした変動の

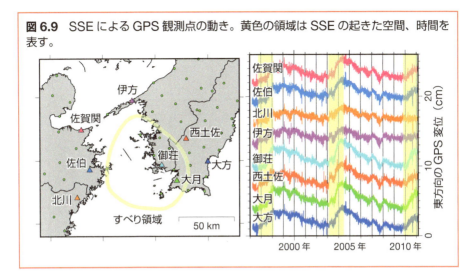

図 6.9 SSE による GPS 観測点の動き。黄色の領域は SSE の起きた空間、時間を表す。

動かぬ証拠が観測され、その場所、大きさ、期間までが正確に決定されたのは、先述の 1997 年の事件が初めてです。この現象は**スロースリップイベント（SSE）**と呼ばれます。SSE はこの豊後水道での発見以来、次々に世界各地で観測されています。

ノイズに埋もれていた微動

2000 年ごろ、SSE 以上に世界を驚かす現象が、気象庁と防災科学技術研究所によってほぼ同時に発見されました。日本列島西部、長野県から東海地方、紀伊半島、四国を横断するように、地下から微弱な地震動が放出されていることがわかったのです。

防災科学技術研究所（当時）の小原一成（お ばらかずしげ）は、数年前から稼働していた同研究所の高感度地震観測網 Hi-net に含まれる多数の地震観測点の記録を丹念に調べました。その結果、従来はノイズだと思われていた小さな地面の揺れがノイズではなく、地下の震源から来ていることを明らかにしたのです（**図 6.10**）。この現象は**非火山性微動**と名づけられました。振幅の小さな微動は火山噴火の際に頻繁に観測されるものの、この現象はそれとは場所も性質も異なるからです。

気象庁もほぼ同時期に、同地域で微小な地震が起きていることを発見し、それを**低周波地震**と名づけました。ほどなくして低周波地震と非火山性微

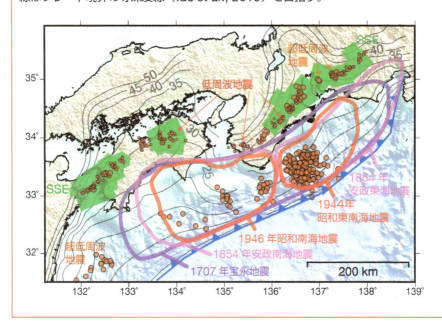

図 6.10 さまざまなゆっくり地震。赤い点は低周波地震、黄色とオレンジの円は超低周波地震、緑色の長方形は SSE の断層。1707 年宝永地震、1854 年東海・南海地震、1944 年東南海地震、1946 年南海地震の破壊すべり領域が示されている。細い線はプレート境界の等深度線（Ide et al., 2010）を目指す。

動はじつは同じもので、どちらもプレート境界の小さな破壊すべりであることがわかりました。続けて起こったものを微動、孤立的に起こったものを低周波地震と判断していたのです。

　微動は場所によっては、ほとんど毎日起こっています。しかし、数か月に一度、微動活動がプレート境界の広い範囲にいっせいに発生することがあり、このときには決まって SSE も発生しています。北米にある沈み込み帯、カスケード沈み込み帯で SSE を観察していたカナダの研究グループが、微動と SSE がいつも同時に起こることを指摘しました。

　日本とカスケードでの発見に触発され、世界中で微動と SSE の探索がおこなわれた結果、これまでにさまざまな国・地域で類似現象が発見されました。その例は台湾、ニュージーランド、アラスカ、メキシコ、コスタリカ、エクアドル、チリとあげることができます。じつに環太平洋のほとんどの場所で観測されており、今まで見つからなかったのが不思議なくらい、

普遍的に観測される現象だといえます。

ゆっくり地震とは何か

　微動と SSE の発見は驚くべきものでしたが、その発見がとくに重要だと考えられるのは、推定された発生源が過去に起こった巨大地震の発生領域を取り囲むように分布していたからです（図 6.10）。弾性反発説以来仮定されてきたように、将来巨大地震を引き起こすプレート境界は、すべりを起こさず固着していると考えられます。しかしその周辺では、ときおりずるずるとすべり運動が起こっているのです。このゆっくりとした変動がときおり起こることによって、巨大地震発生域へのエネルギー蓄積が調整されている、と考えられます。つまり、新たに発見された現象は巨大地震の準備プロセスだったのです。

　このゆっくりとした変動を地震計で観測すると、ガタガタという 1 秒以下の周期をもつ微動としてとらえられます。また GPS では、数日から数か月にわたる変動として観測できます。その中間的な信号、たとえば数十秒とか数時間という変動も、観測を工夫することで検出できます。つまり、このゆっくりとした変動は、1 秒以下から数か月にわたるあらゆる周期の信号を出しているのです。そこで、微動から SSE までのすべての現象をまとめて**ゆっくり地震**または**スロー地震**と呼ぶことがあります。

ゆっくり地震の支配法則

　ふつうの地震に対してスケール法則を導いたように、ゆっくり地震についてもスケール法則が導かれます。ただし、それはふつうの地震についての法則とは大きく異なります。ふつうの地震の場合、地震モーメントは継続時間の 3 乗で変化しますが、ゆっくり地震の地震モーメントは継続時間（の 1 乗）に比例するのです（**図 6.11**）。両者の背後にある物理法則の違いが、この違いを生みだしていると考えられています。

　ふつうの地震はこれまで説明してきたように、弾性体の中の破壊すべりであり、弾性波動方程式で説明できる現象です。それに対して、ゆっくり地震はむしろ、すべりに伴う力やエネルギーが空間的に拡散していく現象で、拡散方程式で説明できると考えられます。波動方程式と拡散方程式、物理学のきわめて基本的な 2 つの方程式がそれぞれふつうの地震とゆっく

図 6.11 ゆっくり地震と通常の地震で異なる地震モーメントと継続時間の関係（Ide et al., 2007 より改変）

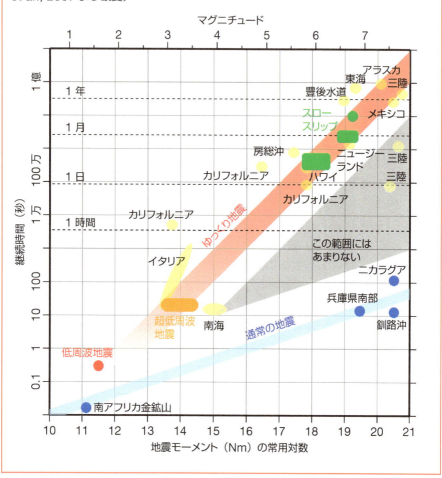

り地震を支配していると考えると、とてもすっきりします。ただし、ゆっくり地震に関する研究はまだ始まったばかりで、この考え方は今後十分に検証される必要があります。

column 5 理論上最大の地震

　この章ではいろいろな大きさの地震を考えてきました。日本では$M9$の東北沖地震の発生以来、ありうる最大の地震のサイズはどれくらいなのか、という議論がしばしばなされています。この問いへのアプローチとして、本章で見てきたスケール法則を用いた思考実験があげられます。

　大きさに対するいちばん重要な制約は、地震発生層の深さが決まっていることなので、したがって幅Wにかかります。Wは東北沖でさえ200 kmでした。1964年のアラスカ地震が史上最大と考えられていて400 km、このあたりが上限でしょう。続いてすべり量Dが飽和します。$D/W = 1/10{,}000$とすると、Dの上限は40 mです。もっとも、長さLが大きくなると多少Dが増える、という研究例がありますから、たとえば100 mとしておきましょう。最後にLについてです。これまで知られている最大サイズは、1960年のチリ地震での1000 kmなので、まずはこれが基準となります。以上のL, W, Dの組み合わせで、剛性率の標準値30 GPaを用いると、ちょうどM_w 10になります。我々はまだそういう地震を観測していませんが、M_wが10近くになるくらいの現象は、覚悟しておいてもよいでしょう。

　ここからは荒唐無稽な話となりますが、もうすこし思考実験を続けてみます。実際のところ、Lには上限はありません。沈み込み帯では、破壊すべりの方向は断層の水平方向（Lを測る方向）と直交します。このような破壊はLの方向に広がりにくいのです。横ずれ断層ではLがWの10倍を超えることは珍しくありませんが、沈み込み帯のような逆断層のL/Wの比はそんなに大きくなりません。したがってLが1000 kmを大きく超えることは考えにくいのですが、仮にLを10,000 kmとすると（地球の1/4周くらいを破壊するとして）、M_wは10.7、地球半周でも10.9です。なかなかM_w 11にすらならないものです。ですからふつうの断層の破壊すべりである以上、$M20$などを想像する必要はありません。では、地球に隕石でも衝突したら……。それはまた別の話です。

第7章 地震活動と複雑系

　これまで、個々の地震がどう起こるかを考えてきました。この章では個々の地震を見るのではなく、次々に発生する大小の地震をひとまとまりの地震活動として見ていきましょう。そのような見方をすると、前章で紹介したGR則以外にも、地震にはさまざまな現象や法則があることがわかります。これらの性質を説明するうえで、**複雑系**という考え方が有効です。これは、20世紀の終わりごろから物理学の分野で発達してきた、複雑なシステムのとらえ方です。お互いに影響をおよぼしあう要素が多数あるシステムにエネルギーの出入りがあるような場合に、複雑系の現象がよく見られます。自然科学や社会科学のさまざまな場面でその例をあげることができ、地震もその典型例として知られます。

7.1 前震・本震・余震

前震はいつも起こるのか

　大地震の前にそれより小さな地震が起こることは珍しくありません。こういう地震を大地震（**本震**）の**前震**といいます。1995年の兵庫県南部地震の数時間前には、$M7$の地震の震源の近くで、最大で$M3.5$の地震が少なくとも3回起きました。これらの地震は前震だと考えられます。ただ残念ながら、どの地震も、大地震が起こるまでは前震とは考えられませんでした。

　前震は小さいとは限りません。2011年の東北沖地震の2日前に起こった$M7.3$の地震は、後から見れば$M9$の地震の前震だったといえます。2016

年の熊本地震でも、$M6$の地震の2日後に$M7$の地震が起こり、気象庁はそれまで本震といっていた$M6$の地震は前震だった、と解説しました。

大地震の前には必ず前震が起こるのでしょうか？ この問題も、じつは観測限界と大きくかかわります。ひと昔前には、前震は珍しいといわれていました。1970年代におこなわれた全世界の系統的な研究では、半分以下の地震にしか前震が認定されませんでした（Jones & Molnar, 1976）。しかし、近年の観測では、ほとんどの大地震の前に前震活動が見つかります。進化する観測システムによって、より正確に現象を把握できるようになったのです。

前震は本震と何が違うのでしょうか？ たとえば前章で紹介したスケール法則は、前震と本震では大きく異なるといったことがあるのでしょうか？すでに多くの研究者がこの問題に取り組んできましたが、いまだに明瞭な違いがあるという結論にはいたっていません。スケール法則はばらつきも大きいので、あまり細かい議論ができないのです。しかし、ある程度多数の地震をまとめて扱うと、前震の本震との違いが見えるという報告もあります。今後、地震の検知能力を高めることで、より正確な統計的分析が可能になるはずです。

余震の起こり方にはルールがある

大地震の後の**余震**は、ほぼ間違いなく、そして多数発生します。最大余震は多くの場合、本震よりマグニチュードで1小さく、最大余震以下でGR則を満たすように多数の小さな余震が発生します。余震にはGR則と別に、地震がいつ・どれくらい起こるかを推測するための法則があります。地震の発生率（ある期間の余震数）は本震の発生からの経過時間に反比例するという、きわめてシンプルな法則です。この法則はなんと19世紀に、大森房吉によって発見されています。彼は1891年の濃尾地震の余震発生の様子を調べ、1日あたりの発生数が次第に減少すること、そしてその発生率が経過時間に反比例することを突き止めました。発生率をR、経過時間をtとすれば、この法則（**大森法則**）は$R = K/t$と書けます（ただしKは比例定数）。

その後、余震の発生率は経過時間と厳密に反比例するわけではなく、地震の後ほんの少し経ってから反比例型の減少が始まることなどが、宇津徳

治によって明らかにされました。現在では余震の発生法則は、

$$R(t) = \frac{K}{(t+c)^p}$$

と表され、この式は**大森・宇津法則**として知られています。c は小さな定数、p はだいたい 1 くらいの定数で、純粋な大森法則は、$c = 0$、$p = 1$ の場合に相当します。

　この余震減少の法則は、両辺の対数をとると、c が無視できる場合、$\log R$ と $\log t$ の間の一次方程式になります。第 6 章で紹介した GR 則と同様に、大森法則はべき法則です。べき法則の特殊性は、同じように時間とともに減少する量を表す指数法則と比較するとよくわかります（**図 7.1**）。たとえば放射性元素は半減期ごとに半減するので、「経過時間÷半減期」の指数関数として減少します。この関数は、経過時間が半減期を超えると急激に減少します。余震発生率も時間とともに減るのですが、半減期に相当するような特徴的な時間スケールがないので、長期間かかってだらだらと減少します。特徴的なサイズがない、というのがべき法則の特徴です。この特徴を裏づけるように、大森が発見した濃尾地震の余震発生数の減少は、21 世紀になった現在でも続いています（**図 7.2**）。

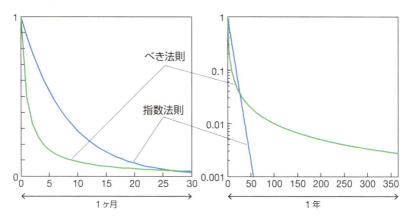

図 7.1　べき法則と指数法則の例。青の曲線が指数法則（例：ヨウ素 131、半減期 8 日）、緑の曲線がべき法則（例：大森法則、地震発生日 = 1）。べき法則に従うものはなかなか減らないことがわかる。

図 7.2 濃尾地震の余震

(a) 濃尾地震の余震の数。1000 日以内は大森のカタログ（Omori, 1894）、10,000 日以降は気象庁のカタログによる。

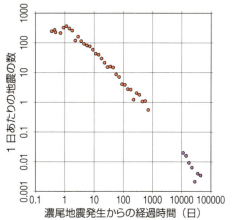

(b) 濃尾地震の震源近くにおける最近（2000〜2009 年）の地震活動。緑の四角は（a）で余震として選んだ範囲。紫の線は活断層。グレーと青のプロットはそれぞれ地震を示す。

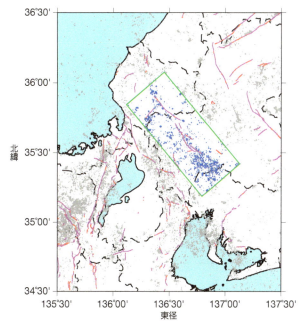

群発地震の正体

　地震がたくさん起こったにもかかわらず、明らかに本震と呼べるようなものがないことがあります。このような地震群を**群発地震**と呼びます。群発地震は火山の近くで、噴火活動に関連してよく起こります。たとえば、1989年に伊豆の伊東沖、手石海丘(ていし)で海底噴火があった際には、それに先行する群発地震活動がありました。この地域では、噴火後もしばらくの間、ときどき群発地震活動が続きました。

　過去最も有名な群発地震活動のひとつが、1965年8月から約2年間続いた松代(まつしろ)群発地震です。その中で最大の地震は1966年4月の$M5.5$のものでしたが、中規模の地震がひっきりなしに発生し、住民の不安が高まりました。日によっては体に感じる地震だけで500回を超えることもあり、全期間の有感地震数は6万回、検出した地震数は70万回を超えました。地震が地面近くの浅いところで起こっていたので、このように多くの有感地震が観測されたのです。この群発地震の活動後期には地下水の異常噴出などが報告されたため、現在では、地下水の異常な上昇、「水噴火」が引き起こした地震活動だろうと考えられています。

　松代群発地震では、仮にGR則がなりたつとしても、大地震にくらべて中小の地震が極端に多く、b値は1を大きく超えます。この例に限らず、火山周辺や地下水が豊富な地域では、大きな地震にくらべて中小の地震が異常に多い群発地震活動が珍しくありません。地震の発生に水やマグマが関与していることを示す一例です。

　群発地震はゆっくり地震、とくにSSEが発生しているときに、観察されることがあります。西日本でのSSE発生時には微動が起こるのですが、房総半島の沖でSSEが発生するときには、微動ではなく群発地震が発生します。同じようにSSEと群発地震が同時発生する例は、ニュージーランドやペルーなどでも見つかりました。ゆっくり地震の活動パターンのひとつと考えられます。また、火山も地下水もない場所で起こる群発地震は、SSEとの関連が疑われます。関東地方では、東京湾の近くで群発地震が発生することもあるのですが、これらは小規模のSSEの発生を示唆しています。

7.2 地震のトリガリング

誘発される地震

　2011年3月12日未明、東北沖巨大地震の被害の全貌が明らかにならないうちに、長野県・新潟県の県境付近で大きな地震があり、長野県栄村周辺では、最大震度6強の揺れによってかなりの被害が生じました。直前の東北沖地震の衝撃があまりに大きかったために、この地震と震災は記憶に残りにくかったのですが、2000年以降に新潟県とその周辺で起きた2004年の中越地震、2007年の中越沖地震とほぼ同程度の規模の地震でした。単独で発生していたら、そうとうなニュースになったはずです。

　この地震は**誘発地震**の典型例と考えられています。つまり、東北沖地震によって日本列島の各地に生まれた、大きな岩盤のひずみが引き起こした地震のひとつです。何やら恐ろしげな名前に聞こえますが、地震の誘発自体は特別なことではありません。前述の余震も一種の誘発地震です。じつは前節では、余震の話をしながらその定義を述べませんでした。余震には、万人に受け入れられる明確な定義がないからです。

　どんなサイズの地震でも、岩盤の中で複雑な破壊すべりを引き起こすので、周辺の岩盤にかかる力の状態を変えます。場合によっては、力だけでなく温度や地下水の分布も変えるでしょう。これらの変化が、次の地震が誘発される可能性を高めます。破壊すべりの周辺、直後ほど影響が大きいので、たくさんの誘発地震が起こり、それを我々は余震と呼んでいるのです。大きな地震、破壊すべりほど、広い地域に大きな変化を引き起こします。東北沖地震の場合、日本列島全体で地震を誘発するくらいの変化を引き起こしました。栄村に被害をもたらしたのは、そうして誘発された地震の中の大きなものです。

地震の誘発パターン

　破壊すべりを起こした断層に近いほど、余震を含む誘発地震はたくさん起こり、その影響は断層から遠ざかるほど小さくなります。あまり遠くなると、地震の誘発の影響は、日常的に起こっている中小規模の地震に隠さ

れて見えなくなります。ただし、破壊すべりの周辺に余震がほとんど起こらない場所もあります。破壊すべりがとくに大きかったところではむしろ、ほとんど余震が起こらないのがふつうです。このような場所では地震発生以前に蓄えられていたエネルギーを解放しきっていて、余震を起こす余力がないからです。東北沖地震の余震も、本震の破壊すべりの大きな領域を取り囲むように発生しました。

　余震や誘発地震については、起こりやすい方向がある程度決まっています。破壊すべりによって引き起こされる変形は等方的ではなく、場所によっては岩盤を圧縮し、別の場所では岩盤を膨張させます。岩盤が圧縮される場所では地震は起こりにくくなります。破壊すべりに抵抗する摩擦力は断層面を押す力に比例するからです。また、断層面にせん断破壊を起こすための力も、場所によって異なります。具体的には、第5章で紹介したクーロンの破壊基準に照らして、破壊が起こりやすくなる場所、起こりにくくなる場所の空間パターンが生じるのです（**図7.3**）。

　地震によって力が減少し、クーロンの破壊基準に照らして地震が起こりにくくなることを、「**ストレスシャドウに入る**」といいます。大きなすべり領域はほとんどストレスシャドウに入ります。クーロンの破壊基準を考えるには、将来起こる地震の断層面の方向を仮定しないといけないので、厳密な議論は難しいのですが、東北沖地震を例にすれば、ストレスシャドウは東北地方の内陸にもおよびました。

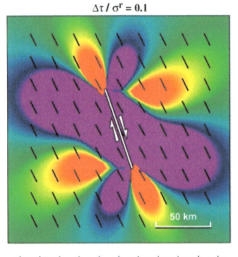

図7.3　横ずれの地震が発生したときの、次に地震が起こりやすくなる場所（赤）と起こりにくくなる場所（ストレスシャドウ、紫）の空間分布。

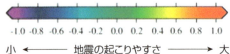

King, G. C. P., Stein, R. S., and Lin J., Static stress changes and the triggering of earthquakes, *Bulletin of the Seismological Society of America*, **84**, 935-953, 1994, © Seismological Society of America.

誘発地震が岩手県や宮城県などの震源直近の場所でなく、すこし離れた栄村や富士山のあたりで発生した理由は、このストレスシャドウの分布でだいたい説明できます (Toda *et al.*, 2011)。

すべての地震は誘発地震?

前節では地震を前震、余震、本震と区別しました。しかし、この区別は本質的ではありません。余震も、ちょっと離れた場所で起こる誘発地震もだいたい同じようなメカニズムで誘発されており、両者を区別する特徴は見当たらないのです。余震や誘発地震が、さらに別の余震や誘発地震を生みだすこともあります。本震も確実な存在ではありません。もし本震の後に、より大きな余震が起これば、その余震を本震と呼ぶことになり、もともとの本震は前震になるのです。前震、本震、余震に順番以外の特徴がなければ(実際あまりないのですが)、何をどう呼ぶかは、たんに順番だけの問題となります。

この考えを突き詰めると、次々と発生する地震の系列をひとつの地震活動としてとらえたときに、前震、本震、余震を区別することは本質的ではない、という結論にいたります。すべての地震は、それより前に起きた地震による力や環境条件の変化によって誘発されている、という考え方です。さすがにこれは極端すぎるかもしれません。実際には、長期のプレート運動によって日常的に起こっている地震もあり、また松代群発地震のように目に見えない地下水の動きが引き起こす地震もあります。

そこで、地震とは一般に、ほかの地震によって誘発されるか、プレート運動などの目に見えない変動現象によって引き起こされるかのどちらかだ、と仮定することくらいはできます。これもひとつの極端な考え方ですが、複雑な現象をシンプルに理解する強力な考え方でもあります。この考えにもとづく数理モデルに、統計数理研究所の尾形良彦が開発した **ETAS モデル**(Ogata, 1988)があります。ETAS モデルで用いるのは、

①すべての地震は大森法則に従って地震を誘発する、
②大きな地震ほど多くの地震を誘発する、
③誘発された地震の大きさはランダムで GR 則に従う、

というきわめて普遍的な法則だけです。にもかかわらず、このモデルは一見複雑な地震活動を説明することに成功しました(**図 7.4**)。とくに余震の

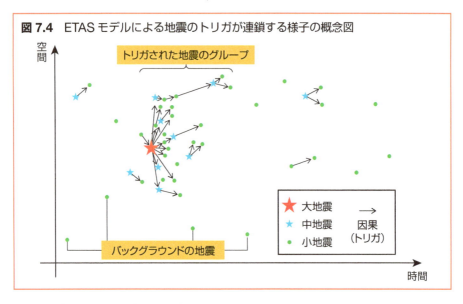

図 7.4 ETAS モデルによる地震のトリガが連鎖する様子の概念図

誘発効果を定量的に見積もり、データから取り除くことで、それ以外の目に見えにくい現象が検出しやすくなるので、世界中の研究者に利用されています。

全世界規模の地震誘発

地震の誘発は、破壊すべりのすぐそばで目立ちますが、じつはとても遠距離まで影響することがあります。初めてこの事実が注目されたのは、1992年にカリフォルニアで起こったランダース地震のときで、その地震後に約 1000 km 離れた場所で突然地震が活発化したのです。その後よく調べてみると、地震波が伝わっていく途中で引き起こす地中の変形によって、離れた地点で地震が誘発されることがわかってきました。大きな地震の場合、地震波とくに表面波が地球を何周もすることは以前（3.1 節）紹介したとおりです。東北沖巨大地震の地震波も世界中に伝わり、各地域で小さな地震を誘発しました。

小さな地震を引き起こすだけなら、たいした問題にはならないかもしれません。しかし小地震が大地震を誘発することもあります。大きな地震が 1 つ起こると、世界中に地震活動の種（小地震）がばらまかれることになります。ほとんどの種は、小規模な地震活動しか引き起こさず、やがても

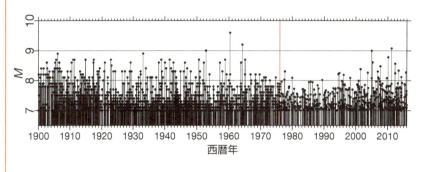

図 7.5 世界の巨大地震の時系列（赤線より左は米国地質調査所のカタログ、右は Global CMT カタログ）

との状態に戻るでしょう。ただし多数の種の中には、さらに大きな地震を引き起こす種が含まれているかもしれません。このプロセスが積み重なると、全世界規模で地震の連鎖が起こる可能性があります。

全世界的に巨大地震の発生の時系列を見てみると、1960 年代と 2000 年以降に大きな塊があることがわかります（**図 7.5**）。これらを指して地震活動の活発期と呼べるかもしれません。ただし、地震の誘発とその連鎖は確率的な現象なので、ただの偶然であるか、なんらかの特殊なメカニズムが働いているのかを検証するためには、多数の事例の分析が必要です。残念ながら確定的な答えはいまだ得られていませんが、国際的な地震リスク評価の重要な課題であります。

7.3 ゆっくり地震の地震活動

じわじわと広がる微動

6.4 節で紹介したゆっくり地震、とくに**深部微動**は地震と似たような現象なのですが、その活動の様子はふつうの地震とはかなり異なります。そもそもふつうの地震のように、ひとつひとつのイベントとして数をかぞえることが不可能で、本震、余震にあたるものはありません。ですから、GR 則や大森法則などを適用することはできません。それでも、地下のどこで

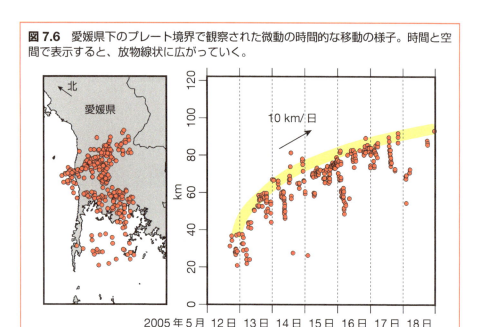

図 7.6 愛媛県下のプレート境界で観察された微動の時間的な移動の様子。時間と空間で表示すると、放物線状に広がっていく。

発生したかを同定することはできます。そこで、深部微動の発生位置を時刻ごとに記録すると、その発生場所は時間とともに移動することがわかりました（**図 7.6**）。

　この移動は、巨大地震の破壊すべりが破壊開始点から広がっていく場合のような、高速のものではありません。また移動速度も一定ではありません。広がり始めの速度は自動車並みで時速数十キロメートル（約 10 m/s）にもなりますが、その後減速し、歩く速度より遅い 1 日 10 km 程度の速さでじわじわと広がるようになります。一度始まった微動活動が、数百キロメートルも移動することもあり、その間にはときどき急激に広がることもあります。微動と一緒にスロースリップイベント（SSE）も観察されるのは、大規模な微動の移動がみられるときです。

　ゆっくり地震は、力やエネルギーが空間的に拡散していくような現象だと述べました。その根拠のひとつが、このじわじわと広がっていく様子です。水の中にインクを落としたり、空気中に煙を放出したりすると最初は勢いよく広がりますが、次第に広がる勢いは弱くなります。微動や SSE の広がり方は、まさにそんな様子なのです（図 7.6 右）。

潮汐によって動くプレート境界

地震はほかの地震を誘発しますが、微動も誘発します。とくに微動はきわめて簡単に誘発されます。大きな地震が起こって、その地震波が微動の発生するプレート境界を通過すると同時に、一時的に微動がたくさん発生することがあるのです。地震波の通過の際に生まれる地面の変形はごくわずかですが、微動はそのような小さな変形でもたくさん誘発されます。

このように「敏感な」現象である微動は、地震とは関係ない小さな地面の変形でも誘発されます。たとえば、日々起こっている潮汐はとても小さな地面の変形です。潮汐の変形が生みだす力は、ふつうの地震を引き起こ

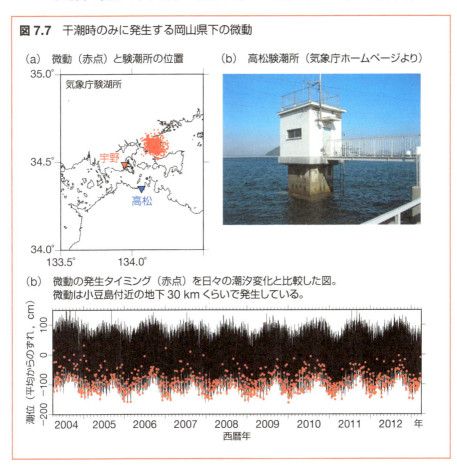

図 7.7　干潮時のみに発生する岡山県下の微動

(a) 微動（赤点）と験潮所の位置
(b) 高松験潮所（気象庁ホームページより）
(b) 微動の発生タイミング（赤点）を日々の潮汐変化と比較した図。微動は小豆島付近の地下 30 km くらいで発生している。

す力の1000分の1くらいの大きさしかありません。それでも一部の微動は、きわめて敏感に潮汐に反応して起こります。たとえば、瀬戸内海直下のプレート境界には、潮の満ち引きにきれいに対応して、干潮のときにのみ微動が起こる場所があります。微動はプレート境界のすべりを反映しているので、この場所では、プレート境界は干潮のときにだけ動くということを示唆します（**図 7.7**）。1日2回の干潮のときに動き、満潮のときには止まる。このようなぎくしゃくした動きをするプレート境界の存在は、最近のゆっくり地震の研究によってわかってきました。

SSE と地震活動

ゆっくり地震は、それ自体は震災を起こすほどの地震波を出しませんが、その活動がふつうの地震の活動と相互作用することもあるので、注意が必要です。地震がゆっくり地震によって誘発されるのです。さまざまな地域で発生する地震活動の多くは、前述の ETAS モデルで説明できるのですが、たまにそのモデルで説明できないほどたくさんの地震が発生したり、群発地震活動が発生したりすることがあります。SSE は、それら異常な地震活動の原因となることが多いのです。

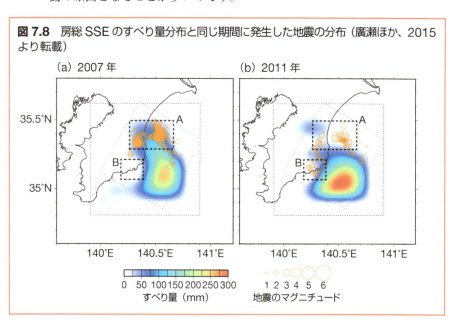

図 7.8 房総 SSE のすべり量分布と同じ期間に発生した地震の分布（廣瀬ほか、2015より転載）

顕著な例としては、房総半島沖で5年に1度くらいの頻度で起こる群発地震活動があり、群発地震と同時期に$M6.5$くらいのSSEが起こっています（**図7.8**）。これまでに起こった群発地震はせいぜい$M5$程度ですが、もう少し大きくなると震災を起こす恐れもあるので油断できません。何よりこの地域は、1923年の関東大震災を引き起こした震源のすぐ近くであり、それ以前にも元禄の関東地震などにかかわった可能性もあります。じつは関東周辺では、同じようにSSEに引き起こされたようにみえる群発地震が頻繁に起こっているのです。

　SSEは巨大地震を引き起こすこともあるのでしょうか？　この問題については、まさに現在精力的に研究が進められているところです。2011年東北沖巨大地震に先行して、ひと月くらい前から震源のそばでSSEが発生していたことが示唆されていますし、2014年のチリの地震でも同様の観察例があります。地震活動が異常に活発なとき、その背後に何かゆっくりとした変形があることを疑ったほうがよさそうです。

7.4 地震と複雑系

GR則はどうやって生まれるのか？

　地震活動は非常に複雑ですが、一方でGR則や大森法則のような単純な法則性をもっています。これらの法則性は、どのような物理プロセスによって生みだされているのでしょうか？　とくに、単純な一方で、非常に広い範囲の地震現象についてなりたつGR則は、多くの研究者の興味をかきたててきました。GR則がなりたつ理由としては、大きく分けて2通り考えられます。地下の構造によるものと力学的相互作用によるものです。まずは構造的な理由を詳しくみていきましょう。

　ここでいう構造とは、地震の破壊すべりが起こる断層の構造です。断層はきれいな1枚の面でなく、地下で複雑な形をとります。面が折れ曲がったり、分岐したり、不連続になっているところもあります。2つのプレートの境界となる、数百キロメートルスケールの大きな断層面もあれば、岩盤中の鉱物どうしをつなぐ、ナノスケールの断層面もあります。どのよう

な大きさの断層にも、複雑な構造があります。複雑な大断層の一部を見ると、複雑な中断層が現れ、その一部を見ると複雑な小断層が現れ、さらにその一部を見ると……、と延々とつながる複雑な構造が入れ子になっているのです。これは第5章で紹介したフラクタル構造です。

フラクタル構造では大構造ほど少なく、小構造ほど多く、大きさと数の統計をとると（さまざまなやり方がありますが）、GR則のようなべき法則に従います。仮に地震の震源範囲が断層の折れ曲がりで制限されているなら、小規模な折れ曲がりで制限される区間は多数あるので、小規模な地震はたくさん起こります。逆に、大規模な地震ほど少なくなることが説明できるでしょう。

単純な構造の物理モデル

しかしGR則は、複雑な構造をまったく考慮しない簡単な力学でも説明することができます。以前、地震のいちばん簡単なモデルとして、1つのブロックを1つのばねで引っ張るモデルを考えました。複雑な地震活動を考えるために、その拡張版として、たくさんのブロックをばねで連結したモデルを考えましょう（**図7.9**）。ブロックは天井とも結びつけられています。たくさんのブロックと下の面の間が断層面に相当します。この状態で下の面を動かすと、ブロックと天井の間のばねに力がたまっていきます。これは、プレート運動による力（エネルギー）の蓄積に相当します。

このような運動中の、1つのブロックに注目しましょう。ある時刻に、そのブロックを動かそうとする力が静止摩擦力を超え、すべり始めます。本当の摩擦力は複雑なのですが、ここではなるべく簡単なものとして、静止摩擦力を超えた時点から、ブロックにかかる摩擦力が速度とともに小さくなるような摩擦法則を考えましょう。1つのブロックがすべりだしても、多くの場合、周辺のブロックはすべらず、すべったブロックも止まります。しかしときには、1つのブロックのすべりが隣のブロックにかかる力を増加させ、隣のブロックもすべりだすこともあります。これが数ブロック続くこともありますが、多数のブロックが一度に動くようなイベントはめったに起こりません。すなわち、大規模なブロック移動ほど発生する回数は少なくなります。このブロック移動が地震です。

各ブロック移動イベントの移動量をすべて足すことで、イベントの大き

図 7.9 連結ばね・ブロックのモデルとシミュレーションの結果

(a) 多数のブロックが隣どうしとばねで連結しており、個々のブロックは天井ともばねでつながっている。天井が一定速度で動く。ばねの底面には摩擦力が働いており、ふだんは動かないが、ときどき動き出す。ほとんどの場合、ひとつのブロックだけが動くが、隣接するブロックのすべりを引き起こし連鎖的に多数のブロックがすべることがある。すべてのブロックが止まるまでを1イベントとする。

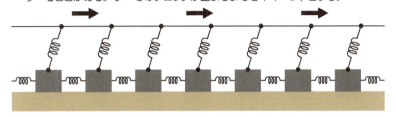

(b) 長時間シミュレーションを続けた結果の、イベントの大きさと発生回数の統計。イベントの大きさはブロックのすべり量の総和の対数であり、地震のマグニチュードと似た値である。中くらいのサイズではイベントはGR則のようなべき法則に従うが、大きなもののサイズはブロックの数と大きさ（系のサイズ）で規定される。

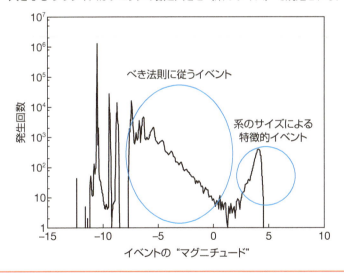

さを測ることができます。これはふつうの地震の地震モーメントに対応する量なので、仮にモーメントと呼びましょう。あるモーメントのイベントが発生する回数を図に示すと、GR則によく似た関係が得られます（図7.9(b)）。大きさと頻度が両対数グラフで直線になる、べき法則です。このように、簡単な力学からGR則が説明できました。

砂山モデルの振る舞い

　ばねとブロックのモデルには、地震発生と共通する物理法則（ばねの弾性と摩擦法則）が簡易バージョンとして取り入れられていました。じつは、GR則のようなべき法則を生みだすだけなら、もっと簡単な「ルール」で十分です。そのいちばんシンプルなものは、バックら（Bak *et al.*, 1987）によって生みだされた**砂山モデル**です。砂山モデルを以下に紹介しましょう。

　大きなお皿を1枚用意して、その皿のどこかに1粒ずつ小さな砂粒を落としていくことをイメージしてください。時間とともに、皿の上の砂は増えていきます。そのうち一部の砂は皿の外にあふれ出ます。長時間経つと、お皿には円錐状の砂山ができるはずです。1粒ずつ砂を落とした後の様子をよく観察すると、1粒の砂が転がって外に出ることもあれば、転がった砂が周囲の砂を巻き込んで雪崩のような崩壊をおこし、一度にたくさんの砂が皿の外に出ることもあるでしょう。これは地震のモデルというより、土砂崩れまたは雪崩のモデルなのですが、自然現象として両者には非常によく似た性質があります。つまり、小さい雪崩（地震）はたくさん起こり、大きい雪崩（地震）はめったに起こらないという性質です。

　この砂山モデルは以下のように抽象化、単純化できます。あるサイズの碁盤の目のようなもの（セル）を考え、その上に簡単な「ルール」を設定するのです。バックらが考えたルールは次のようなものでした（**図7.10**）。

①ランダムにセルを1つ選び、そのセル内の砂を1粒増やす。
②あるセルで砂が4粒以上になったら、4粒を周囲の4つのセルに分配する。
③すべてのセルで砂が4粒未満になるまで②を続ける。

　①〜③を繰り返すと、そのうち、考えた領域の端から外へ出てしまう砂が現れます。このようなセルとルールにもとづいて初期状態から変化し続けるシステムを、**セルオートマトン**といいます。

　このシステムにおいて雪崩の大きさを、②のプロセスが続いている間に移動にかかわったセルの数と定義しましょう。ある大きさの雪崩が起こる回数は、やはりGR則に似たべき法則に従います。ただし、領域のサイズが決まっているので、無限に大きな現象は起こりません。領域全体を巻き込むような現象はときどき起こり、その後は一時的に雪崩が少なくなります。

図 7.10 単純なルールにもとづいて地震のような現象を説明するオートマトンのイメージ

(a) ランダムに選んだセルに砂を入れる。4個にならなければ終わり。

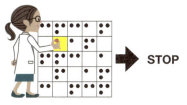

(b) セルの砂の数が4個になったら砂が移動。次から次へ連鎖的に移動が続く。

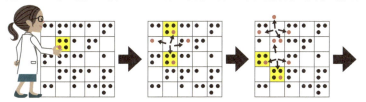

(c) 砂の移動にかかわったセルの数と、そのような移動が起きる頻度はべき分布（Turcotte, 1999 をもとに作成）

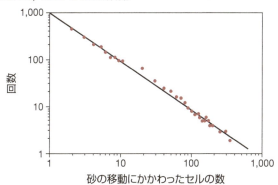

　いったんセルオートマトンのように抽象化してやると、これは地震のモデルとみなすことも可能です。増えていく砂は地震発生領域に蓄えられていく力（≒エネルギー）とみなせ、破壊すべり（雪崩）によって断層の一部の力が抜けると、周辺に散らばり、連鎖的に破壊すべりを広げます。

自然にテンパる地震活動？

　このようなオートマトンは1990年代以降、非常によく研究されました。

このシステムがとくに興味深いのは、どのような初期状態からはじめても、時間とともに自然とべき法則に従う状態へと到達することです。背後にフラクタルな断層構造のようなものを仮定する必要はありません。

システムを動かし始めたときや、領域全体におよぶような巨大イベントが起こった後には、しばらく巨大イベントが起こりません。実際の地震でも、巨大地震が起こった場所ですぐにまた巨大地震が起こるようなことはまずないのです。しかし、時間とともにシステムにエネルギーが蓄積されていくと、小地震から巨大地震まで、どのような地震もべき法則に従う一定確率で発生する状態に達します。この一種の極限的な状態を**臨界状態**と呼びます。俗に、テンパった状態、ともいえるでしょう。自然に臨界状態に到達する現象を、**自己組織化臨界現象**と呼びます。複雑系の科学ではおなじみの現象です。

自己組織化臨界現象の代表例が地震活動です。オートマトンを使えば、ふつうの地震のGR則はもちろん、ゆっくり地震の統計法則も説明できる可能性があります。ただし、このようなとらえ方も、多様な地震現象の一面を説明しているにすぎません。たとえば、上記のばね・ブロックモデルや砂山モデルでは、地震活動のもうひとつの代表的法則である大森法則は、あまりよく説明できないことが知られています。特殊な法則や複雑な構造を取り入れれば説明できないことはないのですが、それではおもしろくありません。一方で、まったく考慮しなくてもGR則が再現できるからといって、現実の断層に存在するフラクタル構造を無視していては、地震の正確な理解には結びつかないでしょう。

さまざまな分野で進む複雑系科学の成果を生かしつつ、地震活動の多様な側面をなるべく必要十分なメカニズムで説明する。これも現代の地震科学の中心的課題のひとつです。

column 6 恐怖の「べき法則」

GR則は（エネルギーと頻度で考えれば）、両対数グラフで直線となるべき法則です。もしくは地震のサイズ分布は「べき分布」であるといいます。この「べき法則・分布」のいちばんの特徴は、特徴的なサ

イズをもたないということです。本文中では、特徴的なサイズをもたない大森法則に従う余震活動の減少と、特徴的なサイズをもつ指数法則に従う放射性元素の減少とを比較しました。特徴的なサイズがない場合、現象はとても長く続くことになります。

　この「特徴的なサイズがない」という感覚は、人間にはじつにとらえにくいものです。世の中には、いろいろなばらつきをもつ量があり、特徴的サイズをもつものも、そうでないものもあります。たとえば世界にはたくさんの人がいて、身長も体重もさまざまですが、これらの量にはだいたいの特徴的なサイズがあり、10 m を超える身長も、1 cm に満たない身長もありえません。しかし、それぞれの人がもっている資産や得ている収入はさまざまです。年1ドル以下で生活している人も（たくさん）いる一方で、いくらもっているのかわからないほどの超大金持ちがいます。きちんと統計分布をとれば、身長や体重はだいたい正規分布となり、資産や収入はべき分布をもちます。

　モノの値段も、毎日買う野菜のようにだいたいの価格、つまり特徴的なサイズがあり、それを知っているものならば、買うべきか買わないべきかの判断はあまり間違いません。一方、特徴的なサイズがない、べき分布に従うものについての判断はじつにあやしく、しばしば直感は裏切られます。価格がべき分布に従うレアな貴金属などについて、ある種の理論的適正価格は計算できるかもしれませんが、直感ではまず判断できないでしょう。

　地震は特徴的なサイズがない、べき法則に従う現象の代表例ですが、私たちが怖いと思うものの代表例でもあります。じつは、私たちが怖いと思う現象には、サイズと頻度がべき法則に従うものがほかにも多数含まれます。地震の親戚のような火山噴火はもちろんのこと、戦争、疫病の流行、株価の下落、起きてほしくないことばかりです。直感が通じないということが怖さの一因かもしれません。これらの多くには複雑系の考え方が適用できますが、いくら理論で説明しても、特徴的なサイズがない（＝いくらでも大きくなる）ことへの心理的恐怖からは逃れられそうにありません。

第8章 地震と震災

　$M8$ や 9 の巨大地震でも、人の住んでいないところで起こるのであれば、心配する必要はありません。地震が恐ろしいのは震災を引き起こすからです。震災は、地震の強震動による建築物の崩壊、地殻変動、地すべり、津波などがもたらします。

　過去 100 年で人的被害が最も大きかったのは、おそらく 1976 年の中国唐山地震（$M7.5$）です。統計には幅があり、死者数 25 万人とも 65 万人ともいわれています。最近では、2010 年のハイチ地震（$M7.0$）で 30 万人以上の死者が出ました。どちらの地震でも、内陸にある浅い断層の破壊すべりによる強震動が、多くの構造物を破壊しました。阪神淡路大震災も類似の震災です。また、沖合で起きる超巨大地震の場合、揺れより津波が深刻な災害を引き起こします。2004 年のスマトラ地震（$M9.3$）は過去 100 年で 3 番目に多い人的被害を出しましたが、その被害をもたらしたのはおもに津波です。東日本大震災もおもに津波による震災で、大きな人的被害と史上最大の経済的被害をもたらしました。地すべりで大きな被害を出した代表例は 1920 年の中国海原地震で、約 20 万人の死者を出しています。1923 年の関東大震災は、地震に引き続く火災で死者・行方不明者約 10 万5000 人の被害を出しました。

　過去 100 年の五大震災は、強震動による構造物の倒壊、津波、地すべり、火災に原因があります。火災は化学的な理解も必要な現象ですが、それ以外はほぼ物理学的に説明可能な現象です。本章ではこれらの現象について事例にもとづいて説明し、地震と震災の間のつながりについて考えます。

8.1 強震動発生の仕組み

破壊すべりが生みだす危険な方向

　地震の破壊すべりによって放出される地震波は、どの方向でも同じというわけではありません。すでに第3章で説明したように、断層面に垂直な2つの方向とすべりに平行な2つの方向に、いちばん大きな振幅、大きなエネルギーの地震波（S波）が放出されます。もし破壊すべりが点とみなせる狭い領域で起こるならば、この4方向に伝わるエネルギーの大きさはまったく同じです。しかし実際は、破壊すべりは断層面の上を複雑に広がります。この不均一な広がり方によって、エネルギーの集中する方向が生まれるのです。

　たとえば破壊すべりが1方向に伝わっていく場合、その方向の地震波の振幅は増大し、継続時間は短くなります（図8.1）。これは、救急車のサイレン音の変化でおなじみのドップラー効果と似た現象です。エネルギーは振幅の2乗に比例するので、この方向には短時間で大きなエネルギーが届くことになります。逆方向に伝わるエネルギーは小さくなります。このような方向によるエネルギーの違いを、破壊伝播による地震波の**方位依存性**

図8.1　方位依存性の有無とエネルギーの分布

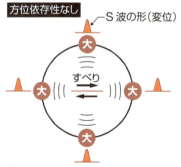

破壊すべりが点とみなせる（動かない）とき、S波が大きくなるのは4方向

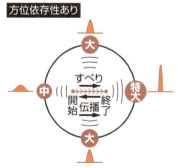

破壊すべりが左から右まで伝わるとき、進行方向の揺れがスパイク状になりエネルギーが集中

といいます。

　エネルギーの集中は、破壊すべりの広がり方によって、さまざまな方向で起こりえます。たとえば、破壊すべりが断層面の上を同心円状に広がって停止した場合、エネルギーの集中はすべり方向ではなく、断層面と垂直な方向で起こります。この方向もS波のエネルギーが大きいので危険です。

横ずれ断層の方位依存性と衝撃波

　横ずれ地震の場合には、すべりの方向に破壊が伝わることが多いので、その方向でとくに危険性が高まります。方位依存性によるエネルギー集中の方向と、地震波のエネルギーが最大になる方向とが一致するからです。阪神大震災のとき、神戸市街で大きな被害が出た一因は、この方位依存性にあると考えられています（ただし、後述する地盤の効果も大きかったようです）。

　エネルギー集中の度合いは、破壊が伝わる速度（破壊伝播速度）にも依存します。破壊伝播速度が大きくなり地震波（S波）速度に近づくほど、エネルギーが集中するのです。さらに破壊伝播速度がS波速度を超えると、その地点から衝撃波が発生します（**図8.2**）。ジェット機が音速を超えたときに生まれる衝撃波と類似のメカニズムです。ほとんどの地震の破壊伝播

図8.2　光弾性媒質（力のかかり方が縞模様で観察できる材料）を用いて撮影された、破壊すべりの高速（S波速度以上）伝播によって生じた衝撃波面（Rosakis, 1999より転載）。（A）実験で得られた縞模様、（B）理論的に予測される縞模様。

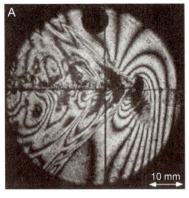
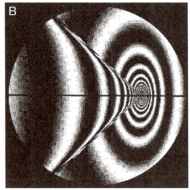

速度は、平均的にS波より遅いのですが、局所的にはS波を超える可能性があり、それを裏づける観測事例もあります。衝撃波生成により局所的に大きなエネルギーが伝わる可能性があるので、その生成条件の解明には多くの研究者が挑んでいます。

　破壊すべりの広がり方がとくに重大な影響を生むだろう、と考えられている断層があります。アメリカ、カリフォルニア州のサンアンドレアス断層（図4.5）です。この南北に延びる長大横ずれ断層の北にはサンフランシスコ、南にはロサンゼルスという大都市があります。地震が起こる際、破壊すべりがどちらに伝わるかが、これらの都市の運命を左右します。そこで実際に、伝播方向を北向き、南向き、両側といろいろ変えて、伝播速度

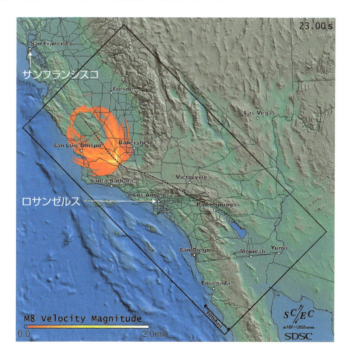

図 8.3　サンアンドレアス断層の破壊すべりのシミュレーション。断層上を南向きに破壊が進む場合のある瞬間の速度分布を表している。

Credits: Amit Chourasia, Kim Olsen, Yifeng Cui, Kwangyoon Lee, Jun Zhou, Geoffrey Ely, P Small, D Roten, Steve Day, Phil Maechling, D K Panda, J Levesque and Tom Jordan. San Diego Supercomputer Center, UCSD.

も何通りか変更して、破壊すべりと強震動生成のシミュレーションがおこなわれています（図 8.3）。

断層の上と下で異なる危険度

　日本には長大な横ずれ断層より、逆断層が多く存在します。逆断層の場合、断層面に対して上か下かという位置関係が、強震動の生成に大きく影響します。とくに、逆断層の破壊すべりが深部から地表まで突き抜けたときには、上盤の振動は下盤の何倍にもなるのです。これには複数のメカニズムが関連しています。

　まずは先ほどと同様、S 波の振幅が最大になる方向が重要です。つまり破壊すべりの方向と断層面直交方向の 2 方向ですが、地中を伝わる S 波は下に凸の曲線を描いて地表に到達するので、この揺れの大きい方向はすべて上盤になります（図 8.4）。地表付近では、エネルギーは地表と断層面にはさまれた狭いくさび形の部分に集中して、大きな振動を引き起こします。

　また、破壊すべりが地表を突き抜けることによって、すべり量がほぼ 2 倍になります。地表面がずれなければ、そこでピン止めされたようなものなので、断層面をはさんだ食い違い量は大きくなりません。しかし、そのピンが外れると（地表までずれると）、いっきに倍くらい動くことになるのです。横ずれの場合には、この分の変動を両側のブロックで分け合います

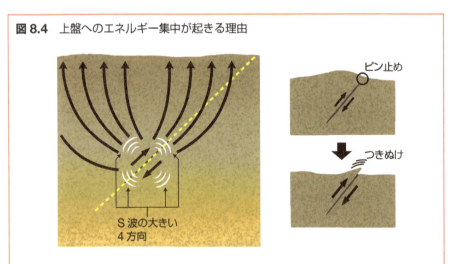

図 8.4　上盤へのエネルギー集中が起きる理由

が、逆断層では、ほぼすべての変動を上盤がまかなわなければなりません。地表地震断層のうち、すべりが最初に現れた場所からは、とくに大きな振動が放出されます。その後、地表地震断層にすべりが伝わるともに、上盤が全体として空中に投げ出され、引き続いて大きな揺れが上盤全体に伝わるのです。

地震動距離減衰式

震源から遠ざかると、地震波の振幅は一般的には小さくなります。その距離依存性はおおむね距離の逆数（-1乗）から-1.5乗です。震源からの距離とともに振幅がどれくらい小さくなるか、実際の観測をもとに経験式（**地震動距離減衰式**）が求められています。ある地点にどれくらいの揺れが起こるか、おおまかに推定するのに役立つ式です。**図 8.5** のように通常、両対数グラフで表現されます。この減衰の仕方は地震の大きさやタイプ、地下の構造などを反映しており、地域ごとに異なるので、世界各地域で固有の減衰式が求められています。

各地点での揺れの大小は、破壊すべりが複雑に進展することで起こるエネルギーの集中や拡散によって変わります。また、後述する地盤の影響も無視できません。そのため、実際に観測される振幅は図 8.5 に実線で示した代表値の周りに大きなばらつきをもち、顕著な方位依存性を除いては、ほぼランダムと仮定できます。減衰式を利用する際には、このばらつきも

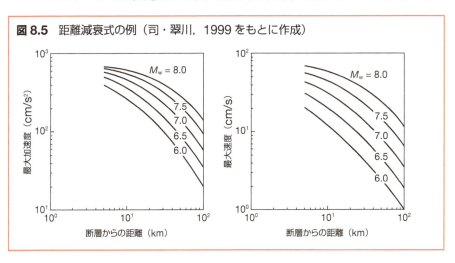

図 8.5 距離減衰式の例（司・翠川，1999 をもとに作成）

考慮する示す必要があるのです。

このような距離減衰式を推定する際の最大の問題点は、もとになっているデータに震源のごく近傍での実測値が少ないことです。震源から遠く離れた場所ではたくさんの観測がなされ、代表値もばらつきもよく推定されています。一方で、震源近傍での観測は少なすぎるのです。この情報の欠落を埋めるために、シミュレーション研究が進められています。計算機上で現実的な震源の複雑さを取り入れ地震波を計算し、実測値の代わりのデータを得ようということですが、なかなかひと筋縄ではいきません。

8.2 強震動と地盤

地震動は地盤が決める

震源から放出された地震波は、距離とともに減衰しながら伝播し、最終的に地表を揺らします。最終的な揺れの大きさをコントロールするのは、地表にある物質の性質です。地表近くの構造は、場所によって大きく異なります。硬い岩盤が地表まで露出しているところもあれば、河川からの堆積物が長年たまってできた比較的柔らかい堆積層のところもあります。人工的につくった埋立地や造成地は、さらに柔らかい構造です。

硬い岩盤と柔らかい堆積物とでは、どちらがより揺れるでしょうか？ 揺れを遠くまで伝えるのは硬い岩盤です。とくにガタガタとした短周期の揺れは岩盤の中のほうが遠くまで伝わります。ですから地下に硬いものがある場合、揺れは遠くまで伝わります。一方、柔らかい堆積物は揺れを伝えにくいですが、それ自体（堆積層全体）がよく揺れます。結局、地表に堆積物があるほうが大きく揺れるのです（**図 8.6**）。

もう少し定量的に説明するならば、地震波（S波）の振幅は「媒質の密度とS波速度の積の平方根」という量に反比例して変化します。震源の破壊すべりが始まるような深さ 10 km くらいでは、密度 2800 kg/m^3、地震波（S波）速度 3500 m/s くらいです。一方、堆積層ではどちらも小さく、たとえばありがちな値として密度 2000 kg/m^3、S波速度 500 m/s で計算すると、振幅は3倍以上になります。振幅が3倍も違うと、震度にしてだ

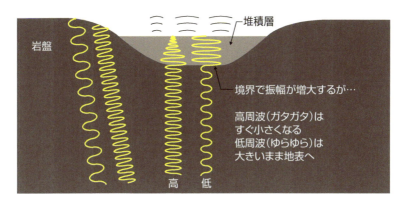

図 8.6 岩盤と堆積層に伝わる地震波とその増幅・減衰の概念図

いたい 2 階級以上違うことになります。堆積層によっては、さらに密度や S 波速度が小さく、振幅がより大きく増幅されることもあります。

ある地域での地盤のよし悪しは比較的短い距離でも変化し、そのため地震動の大きさも狭い範囲で変化します。たとえば関東大震災のときには、文京区本郷の東大キャンパスでは震度 5 程度であったのに、そこから 1 km も離れていない、同じ区内の東京ドーム周辺は震度 7 の揺れに襲われたことがわかっています（武村, 2003）。また、一般的には坂の上より下のほうが地盤が悪いのですが、一見平坦な土地でも、盛り土をしたようなところはあまりよい地盤ではありません。現在は平坦でも、かつての湖沼や河川を埋めたり暗渠にしたりしたような土地では、地盤はよくありません。地盤のよし悪しには土地の来歴も重要です。

地盤を調査するいちばん確実な方法は、ボーリング調査で地下の物質の性質を直接測定することですが、ほかにも音響探査などさまざまな方法があります。2005 年に内閣府が、日本全国について「表層地盤の揺れやすさマップ」を作製しました。そのほかにもさまざまな揺れやすさマップが、自治体や民間業者によって公開されています。一度自分の家や学校、勤務先などの周辺の地盤がどう評価されているか、確認するとよいでしょう。

盆地における増幅

地盤が柔らかければ、その地点での揺れは増大します。一般的に、河川

からの堆積物によって形成された盆地などの地盤は柔らかいです。日本においては、関東平野、大阪平野をはじめ、人口密集地の多くは堆積物／堆積層が厚い場所にあります。地震動の研究分野ではあまり平野と盆地を区別しないので、このような地盤の柔らかい地域を、ひとまとめに盆地と呼ぶことにしましょう。

盆地とその周辺の岩盤の境界では、地震波の反射や屈折によって複雑な地震動が生じることがわかっています。阪神大震災のときに神戸市内に見られた、「震災の帯」という被害が線状に集中した地域は、まさに海側の堆積層と六甲山の岩盤との間の「盆地境界」でした（**図 8.7**）。震災の帯が生じた原因としては、先に紹介した震源の方位依存性に加えて、この盆地境界での複雑な波の増幅が重要だったと考えられています。

盆地では、ガタガタとした短周期の揺れより、ゆっくりとした長周期の揺れのほうが遠くまで伝わります。これが近年注目されている**長周期地震動**です。長周期地震動は一般の住宅や低層ビルよりも、長大構造物に大きな影響をおよぼします。たとえば 2003 年の十勝沖地震では、震源から 250 km も離れた苫小牧市で、大きく揺さぶられた石油タンクが破損し火

図 8.7 神戸の震災の帯（気象庁，1997 をもとに作成）

災が発生しました。また 2004 年の新潟県中越地震でも、関東地方で長周期の大きな揺れが計測されています。

　長周期の揺れはきわめて遠くまで伝わります。東北沖地震時に生じたゆっくりした揺れによって、東京の高層ビルで被害が出ています。といっても、東京では震度も 5 を超えたのであまり驚かないかもしれません。しかし、もっと離れた大阪で被害が出ていたとすればどうでしょうか。じつは、震源から 700 km 以上離れた大阪市の咲洲庁舎では、震度は 3 にしかならなかったのに最大 1 m 以上の揺れが発生し、エレベーターが停止したり壁が破損したりといった被害が出ました（金森，2013）。将来、逆に西南日本で巨大地震が起こった場合には、東京で震度はさほど大きくなくても、長周期地震動は無視できないでしょう。

液状化現象

　液状化現象も柔らかい地盤に特徴的です。液状化が初めて注目されたのは、1964 年の新潟地震でした。この地震では、液状化によって川沿いの団地が基礎から横倒しになっています（**図 8.8**）。ゆっくり倒れたために死傷者が出なかったのは、不幸中の幸いでした。東日本大震災では、関東地方の沿岸の埋立地を中心として、広範囲で液状化現象が起こりました。アス

図 8.8 1964 年の新潟地震に伴う液状化により倒れたビル（Wikipedia「液状化現象」のページより）

ファルトが割れて土砂が噴き出したり水道管が露出したり、また住宅が基礎から傾いたりといった、多くの被害が報告されています。人的な被害は少なかったものの、経済的には大きな被害が出ました。

　液状化は水を多く含む軟弱な地盤で起きます。私たちはふだん、地下水の存在をあまり意識しませんが、じつのところ地中は水だらけです。通常、地下水は土や砂の間にはさまっていて、土や砂の粒どうしは摩擦力によって構造を保っています。地震の揺れによって部分的に摩擦力が弱まると、水の中に土や砂が浮いているような状態が生じます。いったんこうなると、地盤はもはや液体とみなせるので、その中の軽い物体は浮き上がり、重い物体は沈みます。地中の軽いものの代表、水道やガスの管は浮き上がるのです。沈む物体も一様には沈まず、傾いたり倒れたりします。

地すべり

　山がちな日本には多くの**地すべり**危険地域があり、地震がなくても、豪雨の際に地すべりや土石流で災害が生じることは珍しくありません。そこに地震の揺れが加わると、多くの場所で一度に地すべりが起きることがあります。地すべりは建造物を押し潰したり押し流したりして、甚大な被害

図 8.9　2004年新潟県中越地震により生じた天然ダム（関東森林管理局ホームページより）

をもたらしますが、さらに二次的な災害が生じることもあります。

　2004年の新潟県中越地震は、とくに地すべりを多発させました。山古志村を中心とする地域で、多くの地すべりが直接的な被害を生むと同時に、地すべりの一部は芋川に流れ込み、流れを止めて天然ダムを生みだしたのです（図8.9）。このダムによって上流の家屋が水没しました。もしさらに天然ダムが決壊していれば、下流に氾濫被害をもたらす危険性もありました。幸い中越地震の際には決壊しませんでしたが、まったく別の結果を生んだ地震も知られています。1847年に起きた善光寺地震では、地震自体の被害が甚大だったうえに、犀川にできた天然ダムによる浸水と、その決壊による洪水がさらに被害を拡大しました。山間部の地震ではとくに、地すべりは注意すべき災害です。

8.3 地震に伴う地形の変化

地表変形による災害

　これまで、地震が引き起こす地震波については詳しく紹介してきましたが、地震による地表の変形にはあまり触れてきませんでした。地震による土地の変形そのものが被害を引き起こすこともあります。たとえば、大きな地震によって広範囲に地殻変動が起こると、海岸近くの標高の低い土地が海面下に沈むことがあります。沈み込み帯の巨大地震の陸地側は、海溝近くでは隆起しますが、海溝からある程度離れると沈降し、さらに遠ざかると隆起すると考えられます（図8.10）。東日本大震災では、石巻市周辺がこの沈降する範囲にあたりました。石巻市は大きな津波に襲われ甚大な被害を受けましたが、沈降のために、津波が引いた後も海水は市内の一部に残ってしまいました。それが復旧作業の障害となりました。

　同じような被害は地震のたびに生じるでしょう。南海トラフでは、沈み込む地域はちょうど高知市あたりに相当します。1946年昭和南海地震の際には、高知市内の広い地域が水浸しになりました。現在の高知市は水没したところももとどおりになっていますが、2つの写真（図8.11）をくらべてみると、どこまで水が到達したのかよくわかります。このような土地の

図 8.10 南海トラフの巨大地震で生じる、典型的な隆起と沈降のパターン

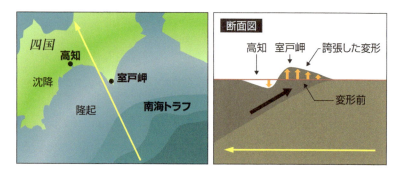

図 8.11 水浸しになった高知市（上：昭和南海地震後の様子、下：2011年9月現在の様子）

（写真提供：高知市（上）、高知県（下））

隆起や沈降は、すべりの空間分布を仮定すれば計算でき、強震動にくらべれば高い確度で予測可能です。

地震と長期の土地の変形

　このように、地震の断層運動によって土地は一瞬で変形します。ただし、じつは地震がないときにも土地は変形し続けています。少しずつゆっくりと変形するので気づきにくいだけなのです。現在の地形は、地震時の急激な変形と、地震間のゆっくりとした変形が長年にわたって蓄積されてでき

あがったものなのです。

　地形の変形パターンは、地震時と地震間とではおおむね反対になります。以前紹介した地震のいちばん簡単な考え方、弾性反発説の場合、2つの変形パターンは完全に正反対です。たとえば前述の四国沖の沈み込みの場合、地震時には高知市あたりが沈降し、逆に海溝（南海トラフ）に近い室戸岬は上昇します（図8.10）。地震がないときにはプレートの沈み込みに伴い、海溝に近い室戸岬周辺が沈降し、高知市周辺が上昇するような変形が続きます。2つの変形パターンはおおむね反対ですが、完全に反対ではなく、地震時の沈降のわりに地震間に上昇しないところや、その逆の場合もあります。地球内部は完全な弾性体でないばかりか、リソスフェアとアセノスフェア（第4章）という粘性の異なる層があり、それぞれの層が地震時と地震間とで異なる変形をするからです。

　地震時と地震間で運動が完全に正反対であれば、（また、風化・侵食などを考慮しなければ）長時間経っても地形は大きくは変化しません。両者の違いが長期に蓄積すると、地形が変化します。たとえば太平洋沿岸各地に見られる海岸段丘の一部は、地震の繰り返しによってできたものです。地震時には土地が隆起する一方で、次の地震までの間にはあまり高さが変化しないような場所で形成されます。また、長い間海水面が変化しないと、浸食によって崖ができます（海食崖）。そのような崖が地震時の隆起によって、地表に残されるのです（**図8.12**）。地震は災害を引き起こす厄介者ですが、地形形成に寄与していることも無視できません。極端なことをいえば、プレート境界で地震がまったく起こらなければ、風化浸食によってやがて日本列島は海面下に沈んでしまうかもしれません。

　ただ、実際の地形形成がどのように進むか、研究者も十分理解しているとはいえません。たとえば、地質学的な観測によって、東北地方の太平洋沿岸は上昇していると考えられています。一方、たとえば宮城県の牡鹿半島は、沈む込むプレートに引きずり込まれて、ふだんは下降しています。このことは、GPSの観測によって直接確かめられています。そこで、巨大地震が起これば牡鹿半島は当然上昇するものと考えられてきましたが、東北沖地震ではさらに下降しました。私たちが考えるより、地震による土地の変形パターンは複雑なようです。地震後も変形は続いているので、今後の観察が答えを出すでしょう。

図 8.12 海岸段丘のできる仕組み(a)と、地震によって生じたと考えられている海岸段丘の例(b)

(a) 海岸段丘ができるしくみ

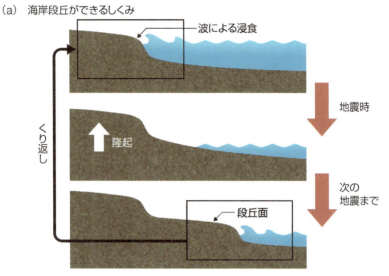

(b) 房総半島の海岸段丘

出典：国土地理院ウェブサイト（http://www.gsi.go.jp/kanto/chiri001.html）

地表地震断層の周辺の被害

　破壊すべりが地表面に達すると、当然、ずれた断層直上の構造物に大きな影響を与えます。淡路島の野島断層記念館では、阪神淡路大震災のとき

に地表に現れた断層（野島断層）によって引き裂かれた壁を現在も見ることができます。一方で、その壁のすぐわきには、不思議とダメージが少なかった家も展示されています。この家がとくに地震に強い構造だった可能性もなくはないでしょう。ただ、阪神淡路大震災に限らず、地表に現れた断層のずれのすぐ横で、一見脆弱な構造物がほとんど影響を受けずに立っていることが、しばしばあります。

　1999年の台湾の地震では、前述の上盤効果によって、断層から離れた上盤側で住宅に大きな被害が出ました。しかし、地表に達した断層の周辺では必ずしも住宅の被害が大きくなかった、という例があります。それでも不幸にして、まさに断層をまたいでいた住宅は傾いたり引き裂かれたりしたのですが、これらは揺れによって壊れたというよりは、変形によって壊れたようです。台湾の場合には、地面のずれがゆっくりと進行したために、大きな変形があっても震動の影響は小さかったと考えられています。

　どんな構造物でも、断層の真上に建てることは避けるべきです。そこでアメリカのカリフォルニア州では、過去にずれが地表に現れた断層を横切るような建物を新たに立てることは、法律で規制されています。また、地震時には断層周辺に分岐断層のような構造が出現することが予想されるため、それらの断層の周辺にも建築規制をかけています。日本には一般的な建築物に対する法律はありませんが、2011年の福島の原発事故を受けて、原子力発電所の重要施設を「活断層」の上に立ててはいけない、ということが法律に明記されました。その後、原子力発電所近くの個々の断層が活断層かどうかの判断が、ニュースなどをにぎわしています。しかし本書で説明してきたように、地震の破壊すべりが本質的に確率的プロセスを含む以上、岩盤の中にある多くの断層の1枚1枚を検討して、どれが将来破壊するかを断定するのは、きわめて困難といわざるをえません。

8.4 地震と津波

津波生成のメカニズム

　津波は、地震によって海底が変形し、海水が持ち上げられることによっ

て発生します。地震直後の海面の形は、変形した海底とほぼ同じ形をしています。これが波源での津波の形です（**図 8.13**）。地震の破壊すべりには時間がかかりますが——たとえば東北の巨大地震では 2 分かかりました——、この程度の時間はあまり津波には関係しません。おおざっぱにいって 5 分より短ければ、ほぼ一瞬で変形が起きたとみなせます。

　津波を引き起こすのは、必ずしも地震の破壊すべりだけではありません。海岸に近い火山の山体崩壊が地すべりを引き起こし、大量の物質が海に流れ込むことでも津波は発生します。また、大型の隕石の海への突入が発生源になることもあります。海のどこかで大量の水の移動が一瞬（数分以内）で起これば、それが津波源となるのです。

　この初期の海面変形（波源）から、海水が重力によってもとの位置に戻

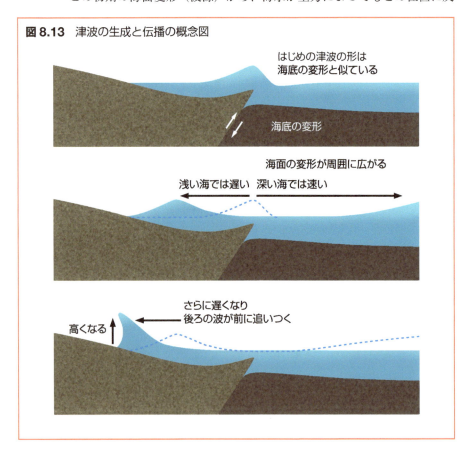

図 8.13 津波の生成と伝播の概念図

ろうとする力を使って、津波は広がります。その様子はサインカーブのような波というより、最初の変形がそのまま水平方向に移動していくようなイメージに近いでしょう。逆断層の場合、断層の崖の形がそのまま伝わるのです。このような波を**段波**といいます。沖合ではこの波の速度は $\sqrt{gh}$ というシンプルな式で表されます。g は重力加速度、h は水深です。水深が深い沖合ほど津波は速く伝播します。たとえば、g を 10 m/s^2 とすると、平均的な海の水深 3700 m くらいの海域では、波の速度は 190 m/s ＝ 700 km/hr となります。これは飛行機並みの速さです。この速さでも津波が太平洋の端から端まで伝わるには、約 1 日かかります。世界最大の 1960 年チリ地震が発生したのは日本時間 5 月 23 日未明でしたが、それからほぼ 1 日後の 24 日未明に日本の太平洋沿岸に大きな津波が来襲し、甚大な被害をおよぼしました。

津波の増幅と遡上

　津波は陸に近づくと、水深が浅くなるために遅くなり、波の先頭と後部が近づきます。その結果、陸の近くの波はもとより高くなります。さらに海岸の近くでは、さまざまな地形の効果で波の高さが増幅されます。たとえば、三陸のような複雑な形状の海岸では、一部の湾に波が集中し、内陸まで遡上することがありますし、岬のような場所では、地形によって回折した波の干渉による増幅も起こります。遡上範囲は地形でほぼ決まるのです。

　近年では、詳細な海底と陸上の地形データと計算機シミュレーションにより、津波が到達する範囲をかなり正確に計算できます。海岸付近に住む場合には、これらの到達予測の計算結果や、それ以上に避難路を覚えておくべきでしょう。それでも、震源が陸から近く海岸が津波の波源域になっているような場合、逃げる猶予はほとんどありません。東日本大震災の津波では、逃げる時間は 30 分以上ありましたが、1993 年北海道南西沖地震の際、奥尻島はほとんど津波の波源域に含まれており、5 分以内に津波に襲われた地域もありました。

　各地に伝わる津波の伝承の中には、海水が引いたら津波だと思え、というものがあります。戦前の教科書に載せられた「稲むらの火」という読み物には、1854 年安政南海地震の際に、和歌山県の庄屋が地震後に海水が沖に引くのを見て村人を避難させた、という話があります。この話が有名な

こともあって、引き波が津波の前触れと考える人も多いのですが、いつも引き波が最初に来るとは限りません。

津波の痕跡を調べる

津波のメカニズムは、地震のメカニズムと比較すれば、非常によくわかっています。震源を仮定すれば、海底地形変化から波源を見積もり、流体力学の方程式と海底地形の情報から、津波の振る舞いを正確に予測できます。しかし、東日本大震災から想像できるように、正確に予測できたとしても、ある規模以上の津波の被害を土木技術で抑え込むことは困難です。各地域にどれくらいの津波のリスクがあるのかを知り、そのリスクに応じた土地の利用をすることが現実的でしょう。

大きな津波は明確な痕跡を残すので、過去1万年くらいの事例を研究することが可能です。人間が伝える記録（古文書など）はせいぜい過去1000年程度しかありませんから、さらに古い地震についても津波の痕跡は重要な情報を与えます。

近年、海岸地域の地質調査によって津波の痕跡を探し、過去の大地震と津波の歴史を明らかにする研究が盛んになってきました。海岸の土地でボーリング調査をすると、ふつうの土壌の間にはさまった薄い砂の層が見つかることがあります（**図 8.14**）。これは津波によって海から運ばれてきた砂です。砂の中から見つかる海洋性のプランクトンは、その砂が海から来た

図 8.14 津波堆積物の採取

（a） 津波堆積物の採取の様子　　（b） 貞観津波の堆積物　　　この部分

証拠のひとつです。砂に含まれる生物、植物の遺骸からは、その砂が運ばれた年代を知ることもできます。ただし、津波による砂の運搬・堆積は一様ではなく、また津波以外の原因（台風、高潮など）も検討する必要があります。したがって、このような調査結果から過去の津波の描像を得るのは、ひと筋縄ではいきません。

このような研究を進めているのが、「古地震学」「古津波学」という分野です。名前は古めかしいですが、最先端の研究分野のひとつです。

column 7 人が起こす地震

基本的には地震は自然現象なので、震災に遭遇しても、だれかに責任を問うこともできず、やり場のない怒りを生みだします。しかし地震によっては、人間の活動が引き起こしていることがほぼ確実、といえるものがあり、しかも近年増え続けています。

以前は、アメリカで地震が問題となる地域といえば、カリフォルニア州など一部の州に限られていました。中部のオクラホマ州は、$M3$を超えるような地震は年に1度あるかないか、という静かなところでした。ところが、2000年ごろから地震数が次第に増え、2010年以降は信じられないペースで増大しています（図8.15）。ついには、地震数でカリフォルニア州を抜くという異常事態に見舞われています。

この原因は、地下のシェールガス・オイル採掘といわれています。本書でも以前に触れたように、鉱山などの採掘に伴って地震が起こります。また大きなダムなどをつくることで、地下水や地下の力の状態が変化し、地震が誘発されることもあります。それらの誘発原因とくらべても、シェールガス・オイル採掘はやっかいな問題をはらんでいます。それはすなわち、この採掘が大量の水を地下に無理やり注入することです。地下から資源を回収する際に水圧破砕法という手法で大量の水を使い、また使い終わった廃液を地下に戻しているのです（そのため、地下水汚染なども別の問題となっています）。

地震の発生に水がきわめて重要なことは、以前に説明しました。とくに内陸の地震は水が起こす、といっても過言ではありません。注入

された水は、水脈を通じて資源の層だけでなく地下のいたるところに染み込んでいき、岩盤を弱め地震を発生させるのです。

　シェールガス・オイル採掘は、アメリカだけでなく世界中で多くの業者によっておこなわれています。採掘作業の進行と地震の発生には、強い時間的な相関がみられ、因果関係はほぼ確実といえるレベルです。まだ巨大地震は起こっていませんが、小さな被害を生むような地震も起こるようになりました。今後、採掘地域のそばで震災が発生したときに、被害者が自然現象として割り切るのは難しいでしょう。産業のメリットとリスクのバランスを考えることが必要な時代になっています。

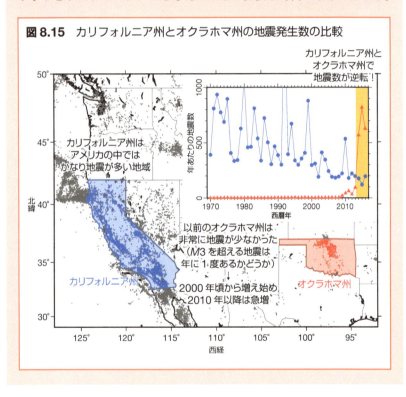

図8.15　カリフォルニア州とオクラホマ州の地震発生数の比較

第9章 将来の地震についてわかること

　地震のことがいろいろわかってきても、地震の発生をその直前に正確に予測することは非常に困難なままです。むしろ地震について理解が進んだことによって、予測の困難さもよくわかるようになってきました。

　日本では「地震予知」を目指す研究が長らくおこなわれてきました。ただ、地震予知という言葉のとらえ方は人によって違います。本書では、数日以内に起こる、被害をおよぼす程度に大きな地震の発生場所を同定すること、としておきましょう。もう少し簡単に、人々に避難や警戒を指示する「警報」を出すこと、といってもいいかもしれません。このレベルの「地震予知」の実現は、現在および近い将来において、ほぼ不可能といえます。これまで説明してきた地震の複雑な性質のためです。

　一方で、将来のある期間にどこでどれくらいの地震が起こるか、という確率は計算できます。この地震の発生確率は場所ごとに異なるし、時間とともに変化します。確率的な地震予測は、現在の科学に可能なことであり、今後も改善できるものです。本章では地震予知の近現代史をふまえて、将来の地震について何がいえるか、現状と展望を説明します。

9.1 日本と世界の地震予知計画

地震予知の先駆者たち

　地震予知への期待というのは、大昔からあったに違いありません。江戸時代には、佐久間象山が地震予知器というものを発明したことが伝わっています。これは、地震の直前に（電磁気的な異常によって）磁石の強さが

変わるという説にもとづくものでしたが、むろん実用には結びつきませんでした。明治時代に日本地震学会を設立し、日本地震学の父と呼ばれたミルンも、重要な研究テーマのひとつに地震予知をあげています。地震予知が地震研究の究極の目標であることは、昔も今も変わりません。日本における地震予知の歴史については詳細を調べた資料（泊，2015）に当たるのがよいですが、ここでも簡単にその流れを追ってみましょう。

　1891年の濃尾地震は、近代日本が経験した最初の大震災でした。その地震の翌年には、初めて国家主導で地震（とくに地震予知）の研究をする体制として震災予防調査会がつくられました。この組織の設立当初は、潤沢な予算と人員が与えられ活発な活動がおこなわれたものの、次第に予算が削られ活動は低調になっていきました。1920年くらいになると、東京帝国大学教授だった大森房吉が一人で活動しているような状況になってしまいます。1900年から1920年までは国内の震災は比較的少なく、地震そのものに対する社会の関心の低下とともに、研究活動も低調になってしまったのです。大森は、余震についての大森法則のように、地震の科学にとってきわめて重要な成果を残したものの、地震予知というテーマではあまり成果を残していません。

　関東大震災によって、国の地震研究体制は見直しを迫られました。震災予防調査会は廃止され、より基礎的な地震の科学的理解を目指して、東京帝国大学地震研究所が設立されます（1925年）。地震研究所の設立にもかかわったといわれる寺田寅彦が地震予知に批判的だったのに対して、猛然と地震予知を目指したのが、大森の後の帝大教授になった今村明恒でした。今村は西日本に巨大地震が発生するという想定のもと、私財も投じて紀伊半島を中心に観測網を構築し、来るべき地震の前兆をとらえようと待ち構えていました。しかし、太平洋戦争の戦況悪化に伴い観測資材も不足した中で、1944年の東南海地震、さらに戦後の混乱の中で1946年の南海地震が発生します。直前警報を出すことはおろか、地震の観測すら十分にできませんでした。

1960年代からの「地震予知研究計画」と「東海地震」

　戦後まもなくの日本は、社会が混乱し、地震対策どころではありませんでした。それでも、占領下の日本を管理していたGHQが日本における地

震研究の重要性に着目したこともあり、地震予知を目指した国家プロジェクトの萌芽は戦後まもなく生まれました。

実際に国策として地震予知を目指すようになったのは、1962年に地震研究者有志が「地震予知——現状とその推進計画」（通称、ブループリント）という書類を作成してからです。この書類では、当時の地震学を中心的に担っていた研究者たちによって、地震予知が可能かどうかは10年経てばわかる、というきわめて楽観的な見通しが述べられています。

1964年に液状化現象を有名にした新潟地震が起こり、また1965年から始まった松代群発地震も社会を大きく騒がせました。そして社会的、政治的、学術的に異なる背景をもつ多数の人々の思惑が一致した結果、1965年から日本の国策としての「地震予知研究計画」がスタートしました。1968年の2次計画からは「地震予知計画」と呼ばれるようになります。

この計画では、日本全国に観測網を張り巡らせて、ありとあらゆる地球物理学的観測をおこなうことで、地震の前兆をとらえることに主眼が置かれました。観測項目は、地震動はもちろん、地殻変動、電磁気、地下水位とその化学成分、ラドン放出量など多岐にわたるものでした。各地の大学に地震予知のための予算と人員が確保され、観測網は年々高度化されていきました。

このころ、地震予知への期待が高まったために、現在でも一部に信じられている、地震予知がある程度可能であるという幻想が生まれたのです。1976年に石橋克彦によって、静岡県沖の駿河トラフに巨大地震が発生する可能性が高いという説が唱えられました。これがいわゆる**東海地震**です。この仮説はいつしか、東海地震に限っては地震予知できる、という幻想につながりました。予知実現性への十分な証拠もないうちに、1978年には東海地震の予知を前提とした「大規模地震対策特別措置法」（通称、大震法）が国会で成立します。この法律には、地震が予知できた場合には内閣総理大臣によって警戒宣言が発令され、人々の生活が制限されると書かれています。約40年前に「いつ発生してもおかしくない」といわれ続けた東海地震がいまだ発生せず、警戒宣言も発令されたことがないのは、ご存じのとおりです。

ダイラタンシー拡散仮説

　1960年代以降、地震予知研究が盛り上がったのは、日本だけのことではありませんでした。1970年代は世界の地震予知研究にとって、つかのまのバラ色の時代として記憶されています。

　地震発生とその予測可能性に関する多くの仮説の中でも、1970年代にクリストファー・ショルツによって提唱された**ダイラタンシー拡散仮説**（ショルツ，2010）ほど強いインパクトを与えたものはありません。ダイラタンシーとは、実験室で岩石を破壊するときに、破壊直前に岩石が膨れる現象です。これは、実験をすればふつうに見られる現象で、破壊直前に岩石の中に多数の微小な亀裂が生まれるために起こります。地震の際にも地下で岩盤が破壊するので、同じようなダイラタンシーが起こると考えるのは自然です。ダイラタンシーで多数の亀裂が生まれると、そのせいで地下の地震波速度や電気抵抗が変化する可能性があります。また、地下水や化学物質の変化も起こるかもしれません（**図 9.1**）。地震の前に、地震波速度をはじめとするありとあらゆる物理的、化学的観測をおこなうことで、地震の前兆が発見できるでしょう。この考えは、それまでの多くの仮説より物理学的にもっともらしく見えたので、この説にもとづいてたくさんの観測が世界中でおこなわれました。始まったばかりの日本の地震予知研究にとっても強い追い風となりました。

　実際に1970年代に起こった大地震の前には、多くの異常が報告されました。しかし、地震がないときにも同じような異常が観測されていたり、誤差の推定に問題があったりしたことがわかり、その後の精査に耐えられるものではありませんでした。むしろ観測がより正確に、多数おこなわれるようになると、異常の観察例は減っていったのです。今では、ダイラタンシーが地震の前に起こるという仮説自体は正しいかもしれないが、その規模は観察できるほど大きくない、と考えられています。

地震予知幻想の終焉

　1970年代には中国で、はなばなしく地震予知の成功が謳われました。1975年に起こった海城地震では、地震が発生するので退避するようにと公式に警告が発せられ、そのおかげで、$M7$の地震が発生したものの被害が

図 9.1　ダイラタンシー拡散仮説の概要

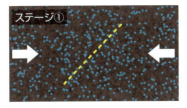

ステージ①
地中には弱面があり、周囲は水で満ちている。長い時間かけて力がたまる。

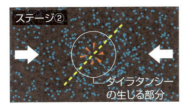

ステージ②
弱面の一部が破壊しかける。周囲に「ダイラタンシー」が生じ小さなクラック（亀裂）が生じる。水圧の減少により断層が強くなり破壊が途中で止まる。このとき
・地震波速度変化
・地殻変動
・ラドン放出
などが見られるはず……

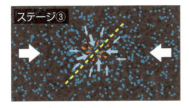

ステージ③
周囲から「ダイラタンシー」の生じた部分へ水が流入してくる。間隙水圧が増加し断層が弱化する。破壊へ……

ステージ④
クラックの生成、水の移動、発熱、溶融などを伴って破壊すべりが進展。

抑えられたのです。当時の中国はまだ文化大革命の最中だったため、信頼性に疑問の残る情報も多いのですが、警報が出たことは事実で、その根拠はおもに活発な地震活動が事前に観測されたことでした（Wang, 2006）。しかし成功はこの1回だけです。その直後の唐山地震は世界有数の被害地震として記憶されていますし、2008年の四川大地震でも大きな被害がありましたが、どちらも直前に警報は出されていません。

そのほかにもロシア、アメリカ、ギリシャ、イタリアなどで地震予知へ

の取り組みはありましたが、成功したと考えられているものはありません。1990年代になると、地震発生の複雑な仕組みが次第にわかってきました。また非線形物理学や複雑系科学の発展により、簡単なシステムでも予測をするのは非常に難しいこともわかってきました。その結果、1960年代に考えられていたような、単純な前兆による予測はほぼ不可能とわかったのです。後述のアメリカ、パークフィールドの地震予知失敗もほぼ1990年代の話です。

　日本の地震予知計画も、当初こそ新たな観測、活発な研究がおこなわれましたが、次第に新たな研究を目指すより、既存観測網の保守やルーチン解析が主体の計画へと変わっていきました。計画は5年ごとに更新され、第7次計画が進められていた1995年に、阪神淡路大震災が発生します。そして、国家的な地震研究体制について見直しが進められ、地震予知計画は終焉を迎えたのです。このあたりの展開は、かつての震災予防調査会の運命と似たところがあります。歴史は繰り返すということでしょうか。ただし地震予知計画の場合、規模は大幅に縮小されたものの、一部の研究者の強い主張によって、2013年までは「地震予知のための新たな観測研究計画」と名前を変えて継続されました。

　国際的にも、地震予知についての状況は厳しいものがあります。とくに2009年にイタリアで起こったラクイラ地震では、直後に地震研究者が業務上過失致死罪で告訴されました（その後無罪が確定しています）。背景には複雑なストーリーがあるのですが、きわめて簡単にいえば、この原因は研究者と社会の意思疎通の失敗にあります。将来の地震について、何がいえて何がいえないか、科学者は正直に、かつ有効な手段で伝える必要があります。

9.2 いつも同じ地震が繰り返すのか？

繰り返す巨大地震

　巨大地震が規則的に繰り返すなら、過去の地震の記録をもとに、次の地震の場所、大きさ、時期を知ることができそうな気がします。実際に「東

京では○○年に一度巨大地震が起きるから、そろそろ危ない」というようなことをいって不安をあおる人がいます。しかし自然はそんなに単純ではありません。

たしかに巨大地震が繰り返すように見える場合があります。たとえば、1952年と2003年の十勝沖地震はどちらも$M8$級の同じような地震でした。地震波形を用いた分析によって、すべりの空間分布を推定した結果、ほとんど同じ場所で大きなすべりが、約半世紀の間隔で2回繰り返したことがわかっています。

いわゆる南海トラフの巨大地震も、7世紀以降の発生場所と日時は、古文書の記録によってほぼ明らかになっています（**図 9.2**）。このような歴史を見ると、地震は繰り返し発生するように感じます。しかし、けっして同じ現象の規則的な繰り返しではありません。紀伊半島の東と西で、$M8$級の地震が別々に起こったり、一度に南海トラフ沿いのプレート境界すべてを破壊するような地震が起こったり、起こり方はさまざまです。地震の間隔もいちばん短いと100年を切りますが、長いときには200年を超えることもあります。

繰り返し地震の予測①——釜石の場合

巨大地震の繰り返しがどの程度規則的なのかを議論するには、私たちの経験は少なすぎます。しかし、比較的小さな地震に限れば、同じ場所で同じように繰り返す例がたくさんあります。とくに有名なのは、岩手県釜石市の地下約50 kmで発生する、ほぼ$M4.8$の地震です。1950年代から、ほぼ同じ場所、同じような大きさで、すでに10回以上発生しています。発生間隔には多少のばらつきがありますが、だいたい5年です（**図 9.3**）。この地域のプレート境界に、いつも同じ大きさの破壊すべりを起こす領域があり、そのため、地域固有の地震が起きると考えられます。

この$M4.8$の釜石の繰り返し地震については、1999年秋の日本地震学会において東北大学の研究グループが、2001年11月までに発生する可能性を99%と見積もりました。被害を生むような地震ではないため、注意報も出ていませんが、実際に2001年11月13日に予想どおりの地震が発生しました（五十嵐, 2002）。東北大学の予測は適切だった可能性が高いです。その後、2008年にもほぼ予測どおりの地震が発生しています。

図 9.2 南海トラフにおける巨大地震の繰り返し。個々の地震の震源位置や大きさについては諸説ある。

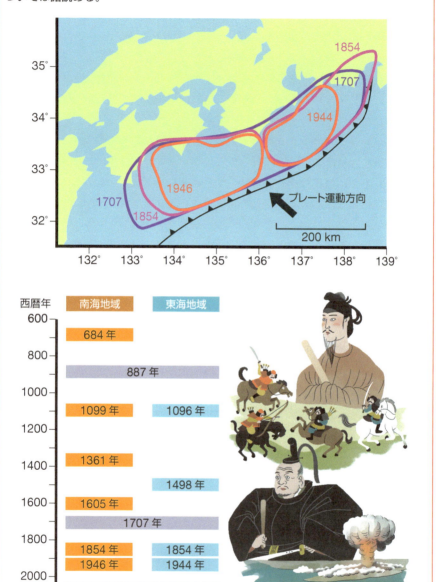

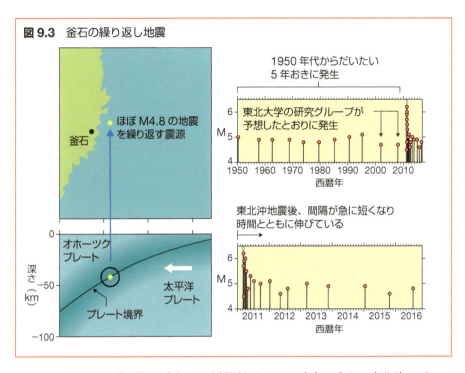

図 9.3 釜石の繰り返し地震

　釜石の地震は陸に近く、よく観測されるので有名ですが、東北沖のプレート境界には、ほぼ同じ場所で繰り返すもう少し小さな地震がたくさんあります。**小繰り返し地震**と呼ばれるものです。ただし発生間隔は釜石の地震ほど一定ではなく、しばしば長くなったり短くなったりします。このような発生間隔の変化の原因はまだよくわかっていませんが、プレートの沈み込む速度が変化することも、原因のひとつと考えられます。プレートが速く沈み込んでいるときには地震の間隔が短く、ゆっくりと沈み込んでいるときには間隔が長いのです。

　とても規則的に発生する釜石の $M4.8$ の繰り返し地震でさえ、東日本大震災の後には急に振る舞いが変化しました。繰り返し間隔が急に短くなり、その後次第に伸びています。繰り返し地震周辺のプレート境界のすべりが巨大地震発生によって急加速し、その後減速したようです。このように小繰り返し地震を観察することで、プレート境界の運動が時間的・空間的に変化する様子を把握できるようになったのは、最近の地震研究の重要な成果のひとつです。

繰り返し地震の予測②——パークフィールドと東北沖の場合

　地震が繰り返すと仮定すると、地震をより精度よく予測できるのでしょうか？　答えは Yes であり No です。たしかに同じくらいのサイズの地震が繰り返し起こりやすい場所はあります。だから、その場所に注目して予測する限りは、確率的にある程度正確な予測が可能です。しかし、その場所でいつも必ず同じサイズの地震が起こるとも限りません。また同じくらいのサイズの地震でも、きっちり周期的に繰り返すわけではありません。

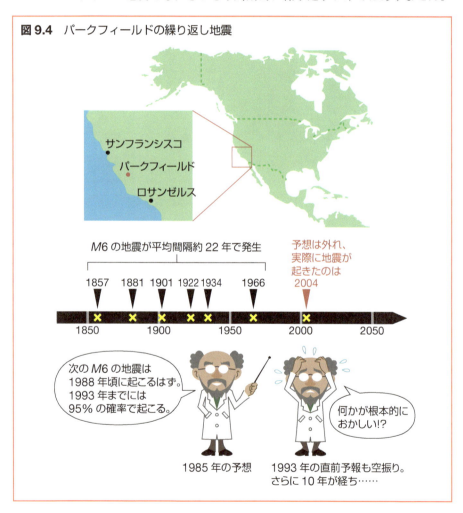

図9.4　パークフィールドの繰り返し地震

1980〜90年代のアメリカでは、地震予知実験がおこなわれていました。といっても、特定の場所の特定のサイズの地震を予知するものです。具体的には、サンアンドレアス断層の一部、パークフィールドという小さな町のそばで起こる $M6$ くらいの地震を対象としていました。この場所では、1857年から同じような地震がすでに6回、平均間隔約22年で発生していたことがわかっていました（**図9.4**）。すでに説明した釜石の繰り返し地震と似たような状況といえます。そこで、1966年の地震から約20年たった1985年に、次の地震はだいたい1988年ごろに起こるはずと見積もり、1993年までには95%の確率で起こるという推定を公表しました。同時に震源の周囲に大規模な観測装置を設置し、次の地震を待ち構えていたのです。さらに、1992年10月と1993年11月には直前予報を出したのですが、どちらも空振りでした（NEPEC, 1994）。それからさらに10年が経ち、多くの研究者が、何かが根本的におかしいのではないかと思っていたところで、2004年9月に $M6$ の地震が起こりました。場所と大きさは予想どおりだったので、場所も時間もまったくランダムだと仮定するよりよい予測ができたとはいえるでしょうが、時間はだいぶずれました。

　さらに悲劇的だったのは東北沖のケースです。日本政府（地震調査研究推進本部）は2011年の巨大地震の前に、宮城沖に $M7〜8$ の繰り返し地震が発生することを仮定し、その確率を30年以内に99%と見積もっていました。2011年の地震の始まりは、たしかに宮城沖地震と似たものでした。その点で想定は間違っていなかったのですが、地震のサイズは $M8$ どころではなく、日本史上最大の $M9$ になったのはご存じのとおりです。政府は $M8$ 以下の繰り返し地震を仮定した一方で、$M8$ 以上の規模の地震については想定さえできませんでした。これでは、まったくランダムだと仮定するのと大差ないか、むしろ悪い予測だったといわれても仕方ありません。

9.3 地震の予測はなぜ難しいか？

破壊すべりの予測可能性

　将来の地震を予測するときに私たちが気にするのは、被害を起こすよう

な巨大地震だけです。しかし、第6章でみたように、地震には大きなものも小さなものもあり、破壊すべりの振る舞いは相似的です。小さな地震は地震の予測にどのようにかかわっているのでしょうか。

日本列島では、年に10万回以上の地震が起こります。ある地震が発生した瞬間に、つまり地下の断層面の一部でエネルギーバランスのおつり（地震波）を生みだすような破壊すべりが始まったときに、それがどの程度の地震になるかを予測できるのでしょうか。前述のように、個々の地震が固有の繰り返し間隔をもつ同じような地震ならば、破壊開始点の場所が判明した時点で大きさを予測できるでしょう。その反対に、地震の大きさが完全にランダムに決まるならば、年10万回以上の地震のたび、つまり5分に1度以上、私たちは巨大地震の発生を覚悟しなければなりません。

私たちにとっては都合の悪いことに、地震の観測研究からは、後者の可能性を示唆する事実が次々に見つかっています。地震のサイズは、破壊の開始時点では決まっていない可能性が高いのです。ひとつの例として、$M9$の東北沖巨大地震の始まり方と、ほぼ同じ場所で発生した、より小さな地震の始まり方の比較を**図 9.5** に示します。地震波の最初の0.5秒では$M5$でも$M9$でも違いは見えません。数秒経つと$M5$の地震の破壊すべりは止まるので、違いは明らかですが、$M7$と$M9$の違いはまだはっきりしません。違いがはっきりするのは、$M7$の地震も止まる10秒後以降のことです。$M9$がほかの地震と違って見えるのは、時間が経ってもそれ以前と同じような破壊すべりの成長が止まらない点だけです。成長が止まるまで、破壊すべりは第6章でみたような相似性を保ちながら大きくなります。

このような比較は世界の多くの巨大地震について可能で、いずれについてもだいたい同じような結論が得られています。地震の大きさは、破壊すべりが止まるまでわからないのです。

固有性と階層性

地震の大きさは場所によって決まっているのでしょうか？　ここでは、地震の大きさが地域に固有なのか、それともランダムに決まるものなのかを検討してみましょう。「地域固有の地震」という考え方と、「完全にランダムな地震」という考え方は一見矛盾するようですが、地震が発生している断層がどんなものかを考えれば、どちらもありうることがわかります。

図 9.5 地震の始まりの始まり。東北沖で発生した地震（1〜6）の地震波（上下動・速度）を1つの観測点で観測した例。(a)地図、(b)初めの 0.5 秒、(c)同 2 秒、(d)同 10 秒、(e)同 50 秒。初めの地震波だけから最終的な大きさを見積もるのは、困難である。

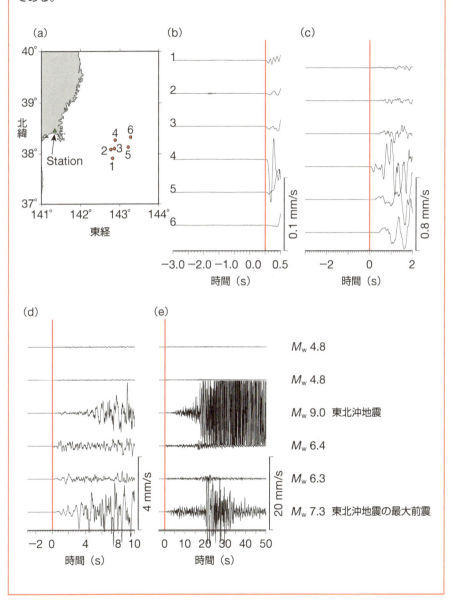

破壊すべりの起こる断層は1枚の平面ではなく、屈曲したり、分岐したり、途切れていたりする複雑な構造です。第7章で説明したようにフラクタル構造をもっています。フラクタル構造は拡大したり縮小したりしても、同じような形に見えます。あるサイズでは比較的スムーズな構造に見える区間も、拡大すると屈曲、分岐などの複雑な構造が見えてくるのです。破壊すべりは単純な構造に沿って広がりやすく、複雑な構造に突き当たると止まりやすいと考えられます。断層がフラクタル構造をもっているということは、破壊すべりにとって広がりやすい区間と止まりやすい区間があり、それらが入れ子構造になっているということです。

　単純化すれば、これは大きさの違ういくつかの円が階層的に重なり合っているようなものとみなせます（**図9.6**）。破壊すべりは個々の円の中を簡単に広がりますが、円の端で止まりやすく、さらに大きな円に広がるかどうかは、ある程度ランダムに決まると考えてください。1つの円がほかの円から離れている場合には、いつもその円の中だけで破壊すべりが起こ

図9.6　円形パッチモデルの考え方

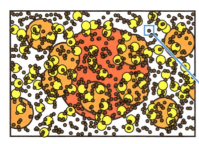

一つひとつの円は、
破壊すべりが広がりやすい
単純構造の断層を表す。
円の端では破壊すべりが
止まりやすい。

【ほかの円から離れている円の場合】
破壊すべりはいつもそこだけで起こる。
→「固有的な地震」を起こす断層

【複数の円が重なり合っている（階層構造をつくっている）場合】

ある円で破壊すべりが起こると……

確率的
（止まることもある）

確率的

確率的

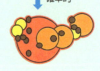

破壊すべりがその円だけで止まるか
重なった円に広がるかは確率的に決まる。
→「階層的な地震」を起こす断層

ります。これが「固有的な地震」です。しかし多くの場合、大小さまざまな円が重なって階層構造をつくっています。破壊がその階層構造のどこで止まるかは、ランダムに決まります。これらを「階層的な地震」と呼びましょう。多くの地震は階層的な振る舞いをします。

　自然の地震は、完全に固有的でも、完全に階層的でもない、両者の中間的な条件で発生します。どちらの性質がより強いかは、地震発生地域ごとにある程度決まっており、一方で時間的に多少変化すると考えられます。地震の破壊すべりの予測可能性は、一見相反する固有性と階層性によってコントロールされているのです。

確率的地震予測はどうあるべきか？

　地震現象は少なくともある程度はランダムなので、その予測は確率的にならざるをえません。つまりある地域、サイズを決めて、将来の任意の予測期間に地震が発生する確率を計算することになります。その結果は「規模○○以上の地震が○○年間に○○％」という形で示されます。だれが公表するにせよ、この空間・時間・サイズが明瞭に示されていない発生確率予測は疑うべきです。

　もし固有性がきわめて強い場所であれば、同じような地震が繰り返す性質を予測に用いるのはよい考えです。釜石沖の地震で予測がうまくいくのは、そこが例外的に固有性の強い場所だからです。固有的なサイズの地震、たとえば釜石沖の狭い地域で $M5$ を仮定し、時間とともに発生確率が増加していくようなモデルを考え、予測期間ごとに $M5$ 程度の地震の発生確率を計算することは可能です。前述の東北大学の予測手法はそれに近く、うまくいったように見えます。ただしこの手法がどこでもうまくいくとは限りません。

　かつての政府（地震調査研究推進本部）の長期予測（**図 9.7**）では、すべての地域に同じ方法を適用したことで、東北の巨大地震を想定外にしてしまいました。東北沖のプレート境界はより階層性の強い場所のようです。政府は、宮城沖で $M7.5$ 程度の地震が数回繰り返したことを根拠に、この地域では $M7.5$ が繰り返し起こると仮定しました。しかしじつはその上に $M9$ の階層構造があり、東北沖巨大地震では、$M7.5$ の階層を超えて $M9$ になってしまったのです。

図 9.7 政府の地震発生確率予測の例。2011 年 1 月時点のもの（出典：地震調査研究推進本部「全国地震動予測地図 2011 年版」より）。

　固有性がまったくない地域では、小さな地震から大きな地震まで、GR則に従って発生すると考えるのが妥当です。長期間の地震発生数の統計から、各地域である期間にあるサイズ以上の地震が何回程度発生するか、見積もることができます。個々の地震がどれくらいのサイズになるかは GR則で確率的に決まり、大きな地震ほど確率は小さくなりますが、けっしてゼロにはなりません。固有的な地震ほど明確な予測はできませんが、予測

能力を改善することは可能です。予想される地震の総数や、小さい地震と大きな地震の割合は、場所や時間で変化するので、それらを正確に見積もればよいのです。

9.4 地震の前兆現象は予測に使えるのか？

プレスリップの可能性

　前述のとおり、現在の日本には地震予知が可能であることを前提とした、大震法があります。具体的には、気象庁が地震予知をすることになっており、その戦略はさまざまな広報活動で説明されています（図9.8）。予知ができるとする根拠は、プレート境界の巨大地震に先立ってプレート境界のゆっくりとしたすべり、つまりプレスリップが起こるという仮説です。プレスリップを地殻変動観測でとらえれば、事前に巨大地震の発生をつかめるという考えです。

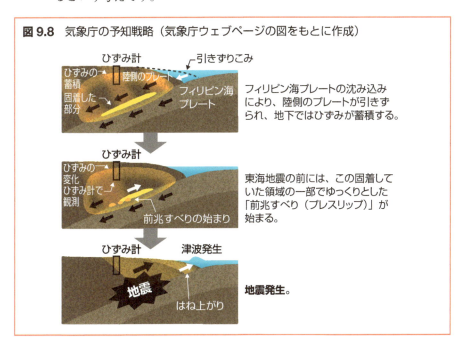

図9.8　気象庁の予知戦略（気象庁ウェブページの図をもとに作成）

たしかに、巨大地震前にゆっくりとしたすべりが発生することは理論的にありえます。第5章で紹介したように、ある種の数値シミュレーションでは、ゆっくりとしたすべりが必ず観察されています。したがって、とくに地震の固有性の強い場所では、巨大地震前に観測可能なプレスリップが起こる可能性が高いです。東北沖巨大地震をはじめとするいくつかの巨大地震では、プレスリップを示唆するような観察事実が見つかっていますが、多点の地殻変動観測による確実な証拠はありません。

　一方でゆっくりとしたすべりが発生したからといって、それは巨大地震のプレスリップとは限りません。西日本をはじめ世界各地で、ゆっくり地震（スロースリップ）がたくさん発生しています（第6章）が、その後に巨大地震が発生した例は稀です。残念ながら、どの程度の確率でゆっくりとしたすべりが巨大地震につながるのか、まだわかっていないのです。

　仮にゆっくりとしたすべりが地震の前兆であったとしても、現時点で我々はそれを警報に生かせるほど十分な経験を積んでいません。東海地域でゆっくりとしたすべりが検出されたとして、それが巨大地震になるかどうか、その確率もわからない状態で、日本経済に機能不全をもたらすような警戒宣言を発令するのは、きわめて難しいことでしょう。現実に2000年には、東海地方でゆっくりとしたすべりが発生しましたが、その後巨大地震にはつながりませんでした。警戒宣言は出ませんでしたが、それがよかったのか判断することさえできないのです。

地震活動に見られる前兆

　何度も繰り返しますが、警報に結びつくような地震予知は現時点でほぼ不可能です。ただし、地震発生確率の変化、つまり地震が発生しやすくなっているかどうかは、地震活動を分析することである程度見積もれるようになってきました。地震活動には、巨大地震の前に特徴的な変化を示す性質があるからです。

　大地震の前の地震活動の変化は、昔から指摘されていました。前震活動はその一種ですが、それと反対に、地震直前には地震がまったく起こらない地域、「空白域」ができるという説もありました。過去の説の多くは客観的に判断することが難しかったのですが、観測能力と地震検出・分析能力の向上によって、定量的な地震活動の分析が可能になってきました。

巨大地震の発生確率と関連しそうな指標に、GR 則の b 値（第 6 章）と地震活動の潮汐応答があります。前者は地震発生数に対する巨大地震の割合に関係する量で、b 値が小さいほど、巨大地震が発生しやすいことを示しています。岩石実験などによって、b 値は断層周辺にかかる力と関係することがわかりました。岩石に力をかけていくと、岩石が破壊する直前には b 値が小さくなる傾向が顕著です。別の見方として、本章で説明してきた地震の階層性と関係づければ、b 値はある大きさで地震が止まる可能性と関係します。b 値が小さいと地震が止まりにくく、巨大地震になりやすいといえます。実際、スマトラ地震や東北沖地震の前に周辺領域で b 値が小さくなっていたことが明らかになっています（**図 9.9**）。

　潮汐と地震の関係は、第 4 章で説明したように、一般的に顕著ではありません。しかし、巨大地震発生前に限り潮汐と地震の関係が顕著になる、という報告があります。たとえば東北沖地震の直前に限って、潮汐による力が最大になるタイミングで中小の地震が発生する傾向がある、という報告があります（Tanaka, 2012）。潮汐の力は非常に小さいのですが、巨大地震発生前には断層にかかる力が限界近くに達しているため、小さな潮汐

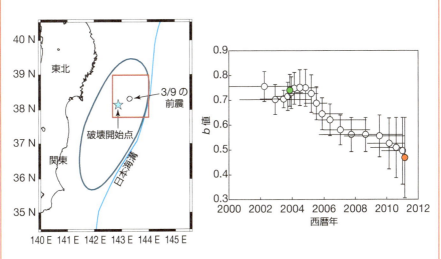

図 9.9　東北沖地震の前の b 値の減少。赤い四角で囲った範囲の地震に対して GR 則の b 値を計算したところ、地震直前に顕著な低下がみられた。Nanjo *et al.*（2012）をもとに改変。

が最後のひと押しになるのかもしれません。

前兆をどのように生かすか？

　このような地震活動に見られる変化は、科学的・客観的分析に用いることができるものです。このほかにも、地震発生との関係が統計的に有意とみなせる電磁気的な前兆現象も報告されています。しかし、先ごろ開かれた国際的な地震予知に関する検討会では、現状で、警報を出せるレベルで地震との関係がはっきりしている前兆現象はない、と結論されています（Jordan et al., 2011）。b 値の潮汐依存性など、地震活動にみられる変化も、それだけでは警報には結びつかないでしょう。このように「弱い」前兆をどう生かせばよいのでしょうか。

　地震の発生確率は時間的・空間的に変化します。その変動を数値化する研究も進んでいます。たとえば、巨大地震が発生した直後に地震発生確率は非常に高まり、時間とともに小さくなっていきます。第 7 章で紹介した ETAS モデルはこの変動を記述するものです。ただし現時点では、「非常に高まる」といっても、たとえばある 1 日である地域に発生する巨大地震の確率が、もともと 0.001% だったのが、100 倍の 0.1% になる、という程度です。それを根拠に避難するのは現実的ではありません。もっとも、さまざまな地震と統計的に有意な関係をもつ現象を用いて、発生確率の変化を記述することは可能で、今後の研究成果が期待されます。より小さな地震やゆっくり地震を用いることで、予測能力を高めることもできるでしょう。

　地震研究の究極の目標といわれる地震予知は、現実的な目標ではありません。上記のような確率予測の高度化が、華やかではないけれど着実な進歩の方向です。今後も地震の科学的な理解を取り入れることで、より短い期間について、高い確率でものがいえるようになるはずです。

---

column 8　確率予測は当たったのか？

　将来の地震についてわかることは、すべて確率的な表現にならざるをえません。ところが困ったことに、人間の確率に対する反応はまったく理性的ではありません。地震研究者も例外ではありません。ある

地域、期間、大きさを指定してその発生確率をX%と報告したとしても、その意味を理性的に正しく把握することは難しいのです。とくに、確率の数字が小さいときには注意が必要です。

いち早く確率予測が身近になった例として、天気予報の降水確率があります。「今日の降水確率は10%」といわれれば、多くの人は雨の心配をせずに家を出るでしょう。もし出先で雨に降られたら、あなたは「今日の天気予報は外れた」と思うかもしれません。しかし、確率の意味を理性的にとらえるならば、同じような状況の場合には10回に1回くらいは雨が降るのが正しいのであって、降水確率10%の日に雨が降ったからといって天気予報が外れたと評価するのは筋違いです。むしろ、降水確率10%の予報が何十日も続くのに全然雨が降らなかったら、それこそ予報が間違っている可能性が高いでしょう。外れたのは、10%を「降らない」と解釈したあなたの判断です。かくいう私も、感覚的にはそう思ってしまいます。

今のところ、将来の地震に関する確率予測では、私たちが関心のあるような地域、期間、大きさについては、非常に小さな確率でしかものをいえません。政府は地震動予測地図として、「今後30年以内にある地点で震度6以上の揺れに見舞われる確率」を計算しています。30年という期間ならばある程度大きな値になるのですが、1年以内の確率となると、とても小さなものです。場所によっては、30年確率でさえ10%を超えません。1995年の阪神淡路大震災前に神戸周辺での大地震発生確率は10%以下だった、という例はよく知られています。

ある地域、期間、大きさを指定して確率を10%と見積もったときに、現実に地震が起こってしまったとしても、その予測を「間違い」とするのは誤りです。実際に「確率が10%以下なのに阪神淡路大震災が起こったのだから、予測は間違いだ」というような誤った解釈を堂々と披露する人もいます。別の見方をすれば、30年以内に重大な地震が起こる確率が10%とされている場所が、日本には10か所以上あります（細かい話をすると、それらの事象が独立なのか、という問題がありますが）。予測を「30年以内に重大な地震がそのどこかで起こる確率」といい直したら、その値は60%を超えます（10%×10で100%にはならないことに注意）。30か所あるなら、地震はこの30か

所のどこかでほぼ確実（95％超）に起こるといってもよいでしょう。

　このように、人間が確率を理性的に把握することが困難である以上、確率予測は、個々人が日々の行動について判断を下す際の参考にはなりません。もっとも、人間が確率を理性的に判断し、将来の利得を最大化するような行動をとる社会を考えると、それはそれでちょっと怖い気もします。確率予測は国、自治体や企業が大きな方針を決める際には知っておくべき情報です。身近な例としては、地震保険の料率は確率予測を参考に計算されています。現在の確率予測には未熟な部分もありますが、それが信用できないから率を全国一律にせよ、というのは暴論でしょう。また、公共施設の耐震化は、日本中どこでも進めなければなりませんが、限られた時間と予算の中で優先順位をつけるのであれば、その根拠を確率予測に求めるのも妥当といえます。

引用文献

Aso *et al.* (2013). *Tectonophysics*, **600**, 27-40.

Bak *et al.* (1987). *Phys. Rev. Lett.*, **59**(4), 381.

Bird, P. (2003). *Geochem. Geophys. Geosyst.*, **4**(3), 1027.

Byerlee, J. (1978), *Pure. Appl. Geophys.*, **116**, 615-626.

Fialko, Y. *et al.* (2001). *Geophys. Res. Lett.*, **28**(16), 3063-3066.

Ide, S. and Beroza, G.C. (2001). *Geophys. Res. Lett.*, **28**(17), 3349-3352.

Ide, S. and Takeo, M. (1997). *J. Geophys. Res.*, **102**(B12), 27379-27391.

Ide, S. *et al.* (2007). *Nature*, **447**, 76-79.

Ide, S. *et al.* (2010). *Geophys. Res. Lett.*, **37**(21), L21304.

Jones, L. and Molnar, P. (1976). *Nature*, **262**(5570), 677-679.

Jordan, T. *et al.* (2011). *Ann. Geophys.*, **54**.

King, G.C.P. *et al.* (1994). *B. Seismol. Soc. Am.*, **84**, 935-953.

Matsubara, M. and Obara, K. (2011). *Earth. Planets. Space.*, **63**(7), 663-667.

Nanjo, K. Z. *et al.* (2012). *Geophys. Res. Lett.*, **39**(20), L20304.

Natural Earthquake Prediction Evaluation Council Working Group (NEPEC), (1994). *Earthquake Research at Parkfield, California, 1993 and Beyond*, U.S. Geological Survey Circular 1116.

Ogata, Y. (1988). *J. Amer. Statist. Assoc.*, **83**(401), 9-27.

Omori, (1894). *J. Coll. Sci. Imp. Univ. Tokyo*, **7**, 111-200.

Peltzer, G. *et al.* (2001). *C. R. Acad. Sci., Ser. IIA: Earth. Planet. Sci.*, **333**(9), 545-555.

Rosakis, A. J. *et al.* (1999). *Science*, **284**(5418), 1337-1340.

Tanaka, S. (2012). *Geophys. Res. Lett.*, **39**(7), L00G26.

Toda *et al.* (2011), *Geophys. Res. Lett.*, **38**, L00G03.

Turcotte, D. (1999). *Rep. Prog. Phys.*, **62**, 1377-1429.

Wang, K. *et al.* (2006). *B. Seismol. Soc. Am.*, **96**(3), 757-795.

Yamada, T. *et al.* (2005). *J. Geophys. Res.*, **110**, B01305.

Yamada, T. *et al.* (2007). *J. Geophys. Res.*, **112**, B03305.

五十嵐俊博（2002）．なゐふる，**31**，2-3．

金森博雄（2013）．巨大地震の科学と防災, 朝日新聞出版．

川崎一朗（2010）．京都大学防災研究所年報，**53A**，57-72．

気象庁（1997）．平成7年（1995年）兵庫県南部地震調査報告，気象庁技術報告第119号．

寒川旭（2007）．地震の日本史――大地は何を語るのか，中央公論新社．

司宏俊・翠川三郎（1999）．日本建築学会構造系論文集，**523**，63-70．

ショルツ，C. H.，柳谷俊・中谷正生訳（2010）．地震と断層の力学 第二版, 古今書院．

武村雅之（2003）．関東大震災――大東京圏の揺れを知る，鹿島出版会．

泊次郎（2015）．日本の地震予知研究130年史――明治期から東日本大震災まで，東京大学出版会．

廣瀬仁ほか（2015）．神戸大学都市安全研究センター研究報告，**19**，1-9．

保立道久（2012）．歴史のなかの大地動乱――奈良・平安の地震と天皇，岩波書店．

索 引

地震索引（年代順）

宝永地震（1707年）　69, 112
リスボン地震（ポルトガル、1755年）　4
ニューマドリッド地震（アメリカ、1811〜1812年）　60
善光寺地震（1847年）　147
安政東海地震（1854年）　69, 112
安政南海地震（1854年）　69, 112, 153
安政江戸地震（1855年）　2
濃尾地震（1891年）　7, 104, 117, 158
明治三陸沖地震（1896年）　106
サンフランシスコ地震（アメリカ、1906年）　7, 64, 104
桜島地震（1914年）　72
海原地震（中国、1920年）　136
昭和三陸地震（1933年）　68
東南海地震（1944年）　10, 69, 112, 158
昭和南海地震（1946年）　10, 69, 112, 147, 158
十勝沖地震（1952年）　163
チリ地震（チリ、1960年）　11, 115, 153
アラスカ地震（アメリカ、1964年）　115
新潟地震（1964年）　145, 159
松代群発地震（1965〜1970年）　120, 159
海城地震（中国、1975年）　160
唐山地震（中国、1976年）　136, 161
ランダース地震（アメリカ、1992年）　124
ニカラグア地震（ニカラグア、1992年）　106
釧路沖地震（1993年）　69, 105
北海道南西沖地震（1993年）　153
兵庫県南部地震（1995年）　26, 29, 72, 102, 116
鳥取県西部地震（2000年）　72
十勝沖地震（2003年）　31, 144, 163
新潟県中越地震（2004年）　72, 145, 147
スマトラ地震（インドネシア、2004年）　110, 136
新潟県中越沖地震（2007年）　121
四川大地震（中国、2008年）　161
ラクイラ地震（イタリア、2009年）　162
ハイチ地震（ハイチ、2010年）　136
東北沖地震（2011年）　22, 30, 42, 67, 101, 110, 116, 145, 168
熊本地震（2016年）　31, 63, 117
東海地震（予知の対象として）　159, 173

欧字

ETASモデル　123
F-net（広帯域地震観測網）　43
GEONET（地殻変動観測網）　46
Global CMT　12, 30
GPS　46, 110
GR則　107, 108, 129
Hi-net（高感度地震観測網）　43
InSAR　46
KiK-net（強震地震観測網）　44
K-NET（強震地震観測網）　44
P波　5, 8, 37, 39
RSF則　84, 90
SSE　111, 120, 128
S波　5, 37, 39
WWSSN（国際的地震観測網）　11, 44

あ

アウターライズ　68
アコースティックエミッション　98
アスペリティ　82, 88
アセノスフェア　57, 149
アフタースリップ　85
インバージョン　53
液状化現象　145
大森・宇津法則　118

大森の公式　48
大森法則　117

か

海岸段丘　149
海溝　59, 64
海底地震計　44
海嶺　59, 61
火山性低周波地震　72
火山性微動　72
活断層　67, 151
関東大震災　129, 136, 143
逆断層　62, 65, 140
強震計　22, 43
緊急地震速報　13
グーテンベルグ・リヒターの法則　→　GR則
クーロンの破壊基準　79, 122
クリープ現象　110
群発地震　120, 128
傾斜計　47
計測震度　19
月震　74
コア（核）　55, 56
高感度地震計　22, 43
合成開口レーダー干渉法　→　InSAR
広帯域地震計　22, 43
古地震学　155
固着　85, 113
古津波学　155

さ

サンアンドレアス断層　7, 64, 110, 139
シェールガス・オイル採掘　155
自己組織化臨界現象　134
地震計　6, 20
地震動　15
地震動距離減衰式　141
地震波　8, 15, 25, 37, 54, 76

地震波トモグラフィー　70
地震モーメント　32, 52, 102
地すべり　146
実体波　39
シュードタキライト　87, 90
重力計　48
主要動　40
準火山性低周波地震　72
小繰り返し地震　165
衝撃波　138
初期微動　40, 48
震源　16, 25, 28, 59
震源決定　48
真実接触面積　82
震度　17
深発地震　67, 93
深部微動　125
スケール不変量　100
ストレスシャドウ　122
砂山モデル　132
すべりインバージョン　54
駿河トラフ　159
スロー地震　→　ゆっくり地震
スロースリップイベント　→　SSE
静止摩擦　80, 82, 130
正断層　62
セルオートマトン　132
前震　116, 123
せん断破壊　78
せん断変形　5
相似　100, 168
相転移　93, 94
速度強化　84, 91
速度弱化　84, 91
速度状態依存摩擦則　→　RSF則

た

堆積層　15, 142
体積変形　5

ダイラタンシー拡散仮説　160
脱水反応　93, 94
弾性体　4, 37
弾性波　4
弾性反発説　7
断層ガウジ　88, 90
断層面　25, 31, 76, 86, 102
段波　153
地殻　56, 72
地下水　86, 89, 120
地溝帯　62
地磁気縞模様　61
地表地震断層　28, 34, 47, 141
長周期地震動　144
潮汐　47, 73, 75, 127, 175
津波　106, 151
津波堆積物　154
津波地震　106
低周波地震　111
天然ダム　147
動摩擦　80, 83
飛び石　22
トランスフォーム断層　61, 63
トレンチ　35

な

南海トラフ　69, 95, 147, 163
二重深発地震面　67, 93
野島断層　27, 35, 151

は

破壊開始点　25, 48
破壊すべり　25, 90
破壊表面エネルギー　77
ばねとブロックのモデル　80, 84, 130
バヤリーの法則　78
阪神淡路大震災（阪神大震災）　26, 138, 144, 150, 177
非火山性微動（微動）　111, 120, 127

東日本大震災　145, 165
ひずみ計　47
表面波　39, 40
複雑系　116
フラクタル構造　88, 130, 170
プレート　56
プレートテクトニクス　10, 56
プレスリップ　85, 173
噴火　72, 93, 111, 120
べき法則　13, 108, 118, 134
（地震波の）方位依存性　137
ホットスポット　59
本震　116, 123

ま

マグニチュード　17, 28
マグマ　59, 61, 70, 93, 120
マントル　55, 56, 72
水噴火　120
モーメントマグニチュード　33, 102
モホ面　72

や

山はね　98
誘発地震　121, 123
ゆっくり地震　70, 74, 113, 125, 128, 174
横ずれ断層　62, 139
余震　117, 121, 123

ら

ラブ波　41
リソスフェア　56, 149
リヒタースケール　28
臨界状態　134
レイリー波　41

わ

和達・ベニオフゾーン　67

著者紹介

井出 哲 博士(理学)
1997年 東京大学大学院理学系研究科地球惑星物理学専攻 博士課程修了
現 在 東京大学大学院理学系研究科地球惑星科学専攻 教授

NDC453　191p　21cm

絵でわかるシリーズ
絵でわかる地震の科学

2017年2月24日　第1刷発行
2024年8月6日　第6刷発行

著　者　井出　哲
発行者　森田浩章
発行所　株式会社　講談社
　　　　〒112-8001　東京都文京区音羽2-12-21
　　　　販　売　(03) 5395-4415
　　　　業　務　(03) 5395-3615

KODANSHA

編　集　株式会社　講談社サイエンティフィク
　　　　代表　堀越俊一
　　　　〒162-0825　東京都新宿区神楽坂2-14　ノービィビル
　　　　編　集　(03) 3235-3701

本文データ制作　株式会社エヌ・オフィス
印刷・製本　　　株式会社KPSプロダクツ

落丁本・乱丁本は、購入書店名を明記のうえ、講談社業務宛にお送りください。送料小社負担にてお取替えいたします。なお、この本の内容についてのお問い合わせは、講談社サイエンティフィク宛にお願いいたします。定価はカバーに表示してあります。

© Satoshi Ide, 2017

本書のコピー、スキャン、デジタル化等の無断複製は著作権法上での例外を除き禁じられています。本書を代行業者等の第三者に依頼してスキャンやデジタル化することはたとえ個人や家庭内の利用でも著作権法違反です。

JCOPY 〈(社)出版者著作権管理機構 委託出版物〉

複写される場合は、その都度事前に(社)出版者著作権管理機構(電話03-5244-5088, FAX 03-5244-5089, e-mail: info@jcopy.or.jp)の許諾を得てください。

Printed in Japan

ISBN 978-4-06-154781-0